电子产品
原理与实践综合教程

刘佳鲁　鲍敏◎主编

清华大学出版社
北京

内 容 简 介

本书根据当前职业教育教学改革的要求,以注重基础、突出应用和技能为特点设计书中的内容。电子产品常用单元电路分析是本书的理论基础部分,电子产品电路搭建实例解析、常用电子元器件识读与检测和电子产品安装与调试工艺是本书的应用和技能的实践部分。通过对本书内容的学习,可以使学习者了解如何用单元电路搭建电子产品的结构框架,在懂得原理的基础上掌握电子产品的安装与调试方法。

本书可作为高职院校、职业本科院校电子信息类专业的教材,也可作为对电子设计、电子研发工作感兴趣的技术人员的参考书。

图书在版编目(CIP)数据

电子产品原理与实践综合教程/刘佳鲁,鲍敏主编. —北京:清华大学出版社,2022.3
ISBN 978-7-302-59976-0

Ⅰ.①电…　Ⅱ.①刘…②鲍…　Ⅲ.①电子产品—职业教育—教材　Ⅳ.①TN05

中国版本图书馆 CIP 数据核字(2022)第 016086 号

责任编辑:王剑乔
封面设计:刘　键
责任校对:袁　芳
责任印制:刘海龙

出版发行:清华大学出版社
　　　　网　　　址:http://www.tup.com.cn,http://www.wqbook.com
　　　　地　　　址:北京清华大学学研大厦 A 座　　邮　　编:100084
　　　　社 总 机:010-83470000　　　　邮　　购:010-62786544
　　　　投稿与读者服务:010-62776969,c-service@tup.tsinghua.edu.cn
　　　　质量反馈:010-62772015,zhiliang@tup.tsinghua.edu.cn
　　　　课件下载:http://www.tup.com.cn,010-83470410
印 装 者:北京嘉实印刷有限公司
经　　销:全国新华书店
开　　本:185mm×260mm　　　印　　张:15.5　　　字　　数:372 千字
版　　次:2022 年 5 月第 1 版　　　印　　次:2022 年 5 月第 1 次印刷
定　　价:49.00 元

产品编号:091175-01

进入 21 世纪后,中国进一步崛起,在许多领域做出了令世人瞩目的成就,如"嫦娥五号"探测器进入月球背面探秘、建立"天宫号"太空工作站、"北斗"导航系统和 5G 通信技术的应用等,这些让我们真正感受到了祖国的强大。但在面对未来世界能源的日益减少、人类生存发展对气候环境影响的扩大、自然灾害出现的频次和各种疫情突发事件的增多,以及国与国之间在科技竞争方面愈演愈烈的情形,我们又有所重负,面对这些严峻局面,所有热爱祖国、热爱生活的人们都会滋生出一种责任感,要让人类社会和谐发展,要用科技使未来更加美好。对于现在的学子——将来祖国的建设者来说,当前最重要的事是踏踏实实地学好知识与技能,为将来报效祖国积攒力量。

现代人类社会的发展与电子技术的应用有着密不可分的关联,到目前为止没有哪一门技术能像电子技术这样发展得如此之快,应用如此之广泛。它的重要性特别体现在它对某些领域如信息科技、生命科学和生物技术、能源科技、纳米科技、空间科技、基础研究等(这几个领域被认为是 21 世纪科学技术的发展方向)起着重要的技术支撑作用。因此开展电子技术及相关课程的教学探索及教材建设,对提高学生的学业水平和创新能力的重要性是不言而喻的。

电子技术对社会的影响是以应用为目的,用以解决生产、生活、医疗、军事、航海、航天及所有人们可以涉足的领域中出现的各类问题。电子产品市场开发者应具有专业的敏感性,能够善于发现问题和解决问题,既能够根据社会需求研发出新的电子产品,又能用创新型思维去引领市场消费。而从电子产品的生产加工方面来说,生产管理者应对电子产品的安装、调试工艺等各个环节有足够的了解,能够确保生产出的电子产品具有可靠性和安全性。基于这样一种认知,我们进行了本书的策划和编写工作。

本书是出于对初学者在电子技术实践方面给予一定的指导这一目的而编写的。从教学计划的安排来说,是在学生学完了电子技术基础课程后可以接续的一门实践性课程。它是以电子技术基础理论为指导,以电子产品常用单元电路分析、电子产品电路搭建实例解析、常用电子元器件识读与检测、电子产品安装与调试工艺为主线开展的实践性教学,书中图文并茂,许多内容是编者多年教学实践的积累和总结,文中提供了大量数据图表可供实践时参考,与教材配套的 PPT 为教学提供了 200 多篇幅的教学辅助信息,其中,既有实物演示及电子仿真的动态视频,又有为"新手上路"而推出的扩展学习内容。

本书的具体内容如下。

电子产品常用单元电路分析。电子产品都是由多种不同功能的单元电路组合而成的,因此掌握常用单元电路的结构及性能是很重要的基础性学习,唯有如此才能进入后续的设计安装或维修层次。本章从应用的角度介绍了直流电源电路、放大电路、振荡电路、定时电路、电压比较电路、开关电路、驱动电路、记忆电路、LED数码显示电路、编码与译码器电路，主要讨论了电路的结构特点、性能分析及应用选择。

电子产品电路搭建实例解析。设计一个电子产品要有许多前期的准备，在进入实体设计阶段时，首先要根据需要，建立产品的功能框架，然后针对每一个部分进行实际电路的搭建，这就像搭建积木一样，元器件或单元电路的不同组合会产生不同的效果。本章列举了10个电路项目，有比较完整的、可以作为成品的电路，也有局部的、只考虑实现某种功能的电路。它们可以让初学者初步掌握如何根据功能要求搭建电路以及安装调试的方法。这10个项目电路是：带有记忆功能的断线防盗报警器、手机延时开/关机控制电路、红外线自动水龙头控制电路、有源音箱中的音频放大电路、十字路口红绿灯控制电路、轿车门窗玻璃升降控制电路、数字键盘显示电路、人体心率/心律测量电路、鹦鹉学舌式语言复读机电路、用编码译码器构成的多路呼叫应答系统。每一个项目都是从建立原理框图开始，然后进入单元电路的搭建和原理分析，最后给出电路安装调试要点。

常用电子元器件识读与检测。常用元器件如电阻、电容、二极管、三极管等是组成电子系统的最小元素，它们是实践中经常要接触到的实体。对元器件的识读是指能够辨认它们的种类和读出实物的参数。检测是指用仪表对它们的性能进行的测试，以判断质量优劣，或是对极性进行测试，以防止安装错误。这些都是实践中经常遇到的问题，故有必要通过训练提高动手能力。本章内容包括电阻器的识读与检测、电容器的识读与检测、二极管的识读与检测、三极管的识读与检测。

电子产品安装与调试工艺。任何批量生产的产品都必须在工艺文件指导下进行安装和调试，这是保证产品质量及提高生产效率的重要措施。初学者在接触这方面的内容时要建立起工程意识和生产管理的概念，了解工艺文件的种类及其作用，知晓电子产品整机安装及调试的基本程序。本章内容包括电子产品的装配工艺流程、电子产品工艺文件的识读、电子产品安装前的准备、印制电路板的装配与焊接、电子产品整机安装工艺、电子产品的检测与调试。

本书末尾还有附录部分，具体内容有万用表的使用常识、常用集成电路引脚图、示波器的使用、EWB仿真软件介绍、电子技术及电子产品发展简史。

本书由黑龙江职业学院刘佳鲁、鲍敏担任主编。刘佳鲁对本书的编写思路与大纲进行了调研、总体策划、统稿和审稿，并编写了第1、2章；鲍敏编写了第3、4章和附录部分。杨俊伟阅读了本书的初稿，并提出了修改意见。

本书在编写过程中尽量用吸引读者的语言，以读者喜欢接受的方式进行编写，希望能给读者带来耳目一新的感受，但限于编者的水平，书中难免有不足之处，敬请广大读者批评、指正，以使本书更能适合职业教育的需要，我们将不胜感激。

编　者

2022 年 2 月

本书教学课件

CONTENTS 目录

基础篇

电子产品常用单元电路分析

　　各种电子产品的内部都会有一个能够维系其工作的电子系统,电子系统一般是由硬件电路和软件程序协同工作,硬件电路是基础,一些电子产品完全可以用硬件电路组成控制系统。一个硬件控制系统无论多么复杂,都是由若干个基本单元电路组成的,因此掌握常用的电子单元电路的结构及工作原理就显得非常重要。本章是从实际应用的角度对电子产品常用单元电路的结构及原理进行分析和讨论,同时也涉及实践中的一些技术问题。

1.1　直流电源电路

1.1.1　直流电源概述

　　直流电源是电子设备工作的动力之源,几乎所有的电子线路工作都需要有直流电源的支持,如电子表、手机、笔记本电脑等。一个电源输出的电压和电流等指标应满足负载的需要。直流负载各有不同,如消耗功率有大有小,工作电流有的平稳有的波动,使用方式有固定式和移动式,因此,每一种电子产品所配置的直流电源也会有所不同。

1.1.2　直流电源类型及选择

　　直流电源类型有:干电池、蓄电池、锂电池、镉镍电池、纽扣电池、太阳能电池、整流电源、开关电源等。部分直流电源如图 1-1-1 所示。

　　电子装置在设计的过程中要考虑电源的配置问题。选择直流电源首先要根据负载的使用条件和要求来确定电源类型,然后确定电源的容量等其他性能指标。

　　目前市场上一些电子产品或电子装置所配置的直流电源如表 1-1-1 所示。

碱性干电池(1.5V)　　　锂电池(3.6V)　　　纽扣电池(3V)

铅酸蓄电池(12V)　　　整流电源　　　开关电源

图 1-1-1　直流电源类型(部分)

表 1-1-1　直流电源列表

电子产品	直流电源类型	电子产品	直流电源类型
手机	锂电池	数码相机	锂电池
电子手表	纽扣电池	笔记本电脑	开关电源＋锂电池
光动能电子表	太阳能电池	台式计算机	开关电源
半导体收音机	变压器降压整流电源、干电池	太阳能交通信号灯	太阳能电池/蓄电池
彩色电视机	开关电源	太阳能照明灯	太阳能电池/蓄电池
手机充电器	阻容降压整流电源	有源音箱	开关电源

变压器降压整流电源、阻容降压整流电源、开关电源比较如表 1-1-2 所示。

表 1-1-2　变压器降压整流电源、阻容降压整流电源、开关电源比较

直流电源种类	功率、体积	功　　耗	电源内阻
变压器降压整流电源	可大功率输出,但体积大	大功率输出时,功耗大	电源内阻小
阻容降压整流电源	小功率输出,体积小	功耗小	电源内阻大
开关电源	同容量的情况下,体积比变压器降压整流电源要小许多	大功率输出时,功耗较小	电源内阻小

1.1.3　直流电源应用实践

在众多的电子产品中,由于它们的功能和性能要求上的不同,对供电电源的要求也不尽相同,如对于晶体管收音机来说,它以干电池供电为主,整流电源供电为辅,对于整流电源的要求是电压波形中的交流成分要少一些,防止扬声器中出现交流声,对电压的稳定性一般不作要求;而对于数字类电子装置来说,为了使电路工作性能稳定,对电源电压的稳定性要求较高。另外,对于便携式电子产品,要求电源的体积要小,以减轻重量、方便携带,如手持扩音器、笔记本电脑等。针对这些不同的要求,必须有针对性地加以解决。

1. 单路输出整流电源

单路输出整流电源是一种最简单的整流电源,其结构为:变压器＋整流二极管＋滤波电容,如图 1-1-2 所示。这种直流电源适用于对电源电压稳定性要求不高的负载,如晶体管收音机、小型直流电动机等。整流输出电压:$U_O = 1.2U_2$。

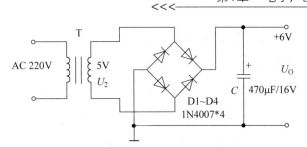

图 1-1-2 单路输出整流电源电路

2．单路输出直流稳压电源

大多数电子装置都需要直流电源的电压要稳定，不受电网电压波动和负载变化的影响。为此需要在整流电路中加入稳压环节，或是采用稳压二极管，或是采用集成三端稳压器，现在用得比较多的是后者，如图 1-1-3 所示。电路中 LM7805 为正压固定三端集成稳压器，当输入为 7～36V，输出可稳定在 5V。由于这种电源具有普遍的应用，所以下面以一个例子来说明电路参数的计算和元件的选择方法。

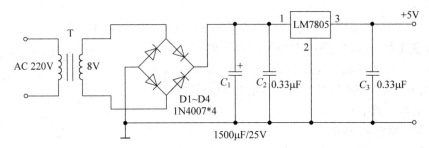

图 1-1-3 采用三端稳压器的直流稳压电源电路

设计一个输出电压为 5V，最大输出电流为 300mA 的直流稳压电源。要求确定变压器容量、整流二极管参数、滤波电容参数等。

（1）确定三端稳压器型号、输入电压（U_I）、输入电流（I'_L）和整流滤波电路的等效负载电阻（R'_L）。

按要求电源的输出电压为 5V，最大输出电流（I_D）300mA，可选用 W7805（最大电流 1.5A）的三端稳压器，也可选用 78M05（最大电流为 0.5A），但使用时要加散热片。

7800 系列三端稳压器输入、输出最小压差为 2V，如果取压差为 4V，则稳压管的输入电压 $U_I=9V$。78M05 的功耗电流为 $I_{Omax}=8mA$。

电源变压器的二次电压为

$$U_2 = \frac{U_I}{1.2} = \frac{9}{1.2} = 7.5(V)$$

78M05 的最大输入电流为

$$I'_L = I_{Omax} + I_D = 8 + 300 = 308(mA)$$

整流滤波电路的等效负载电阻为

稳压器选：
78M05(0.5A)

$$R'_L = \frac{1.2U_2}{I'_L} = \frac{1.2 \times 7.5}{308} \approx 29.2(\Omega)$$

78M05 稳压器如图 1-1-4 所示。

（2）桥式整流二极管参数和型号选择。

二极管正向平均电流为

$$I_F \geqslant \frac{1}{2}I'_L = \frac{1}{2} \times 308 = 154(\text{mA})$$

二极管选：
1N4001（1A、50V）

最大反相电压为

$$U_{RM} \geqslant U_{Rmax} = \sqrt{2}U_2 = \sqrt{2} \times 7.5 \approx 10.6(\text{V})$$

可以选择硅二极管 1N4001 四只，其额定正向整流电流为 1A，反向工作峰值电压为 50V，满足要求。

整流二极管 1N4001 如图 1-1-4 所示。

（3）滤波电容和其他电容的选择。

滤波电容为

$$C_1 = \frac{(3 \sim 5)T}{2R'_L} = \frac{3 \sim 5}{2 \times 50 \times 29.2} = 1027 \sim 1721(\mu\text{F})（取~1500\mu\text{F}）$$

电容耐压为

$$U_{CM} \geqslant \sqrt{2}U_2 = \sqrt{2} \times 7.5 \approx 10.6(\text{V})（取~16\text{V}~或~25\text{V}）$$

可选容量为 $1500\mu\text{F}$、耐压为 25V 的电解电容。

电解电容选：
$1500\mu\text{F}/25\text{V}$

电容 C_2 主要改善输入纹波电压，其容量一般取 $0.33\mu\text{F}$，电容 C_3 是用来改善负载的瞬态响应，其容量也可取 $0.33\mu\text{F}$。

电解电容如图 1-1-4 所示。

（4）变压器容量选择。

变压器二次电流有效值为

$$I_2 = (1.5 \sim 2)I'_L = (1.5 \sim 2) \times 308 = 462 \sim 616(\text{mA})$$

取 I_2 为 500mA。

输出视在功率为

$$S_2 = U_2 I_2 = 7.5 \times 0.5 = 3.75(\text{V} \cdot \text{A})$$

输入视在功率为

$$S_1 = \frac{S_2}{\eta_T} = \frac{3.75}{0.6} = 6.25(\text{V} \cdot \text{A})$$

平均容量为

$$S = \frac{1}{2}(S_1 + S_2) = \frac{1}{2} \times (6.25 + 3.75) = 5(\text{V} \cdot \text{A})$$

变压器选：
220/8V/5W

因此，可以选用容量为 $5 \sim 8\text{V} \cdot \text{A}$，一次电压为 220V，二次电压为 8V 的电源变压器，如图 1-1-4 所示。

三端稳压器78M05　整流二极管1N4001　电解电容1500μF/25V　变压器8V/5W

图 1-1-4　直流稳压电路元件选择

3．正负双路输出直流稳压电源

大多数运算放大器的供电电源是按正负对称双电源设计的,如图 1-1-5 所示。这种整流电源的变压器二次线圈需要在总匝数的 1/2 处留有抽头,用于接地。抽头将二次线圈一分为二,和后面的整流、滤波、稳压电路构成对称结构的、两个极性相反的整流稳压电路。电路中 LM7809 和 LM7909 分别为正压固定三端集成稳压器和负压固定三端集成稳压器,它们各自独立工作,分别输出 +9V 和 -9V,即 $V = \pm 9V$。

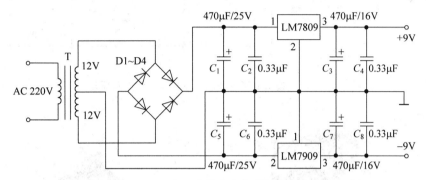

图 1-1-5　正负双路输出直流稳压电源电路

正负双路输出整流电源可选用器件如图 1-1-6 所示。

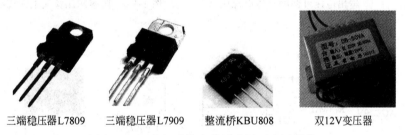

三端稳压器L7809　　三端稳压器L7909　　整流桥KBU808　　双12V变压器

图 1-1-6　正负双路输出整流电源可选用器件

4．输出电压可调的整流稳压电源

在实验室或电子设备维修场合往往都需要一台输出电压可调的直流电源,这样可适应不同电路对工作电压的要求。图 1-1-7 是一个输出电压为 1.25～37V 可调的直流稳压电源电路。电路中 LM317 为三端可调集成稳压器(其基本参数为最大输出电流 1.5A,输入与输出的最小压差为 1.5V,最大压差为 38V)。稳压电源输出电压可由式 $U_O = 1.25(1 + R_{p1}/R_1)$ 来确定,如果要求 $U_O = 3 \sim 9V$,当 $R_1 = 240\Omega$ 时,有 $R_{p1min} = 336\Omega$,$R_{p1max} = 1.49k\Omega$。使用时通过调节 R_{p1} 的阻值来确定输出电压值。VD1 和 VD2 均对 LM317 起保护作用,VD1 是防止当输出短路时,电容 C_3 会通过 LM317 的 1 脚向其内部放电而造成的损坏,为 C_3 提供放电通道。VD2 是防止当输入端短路时,C_4 会通过 LM317 的 2 脚向其内部放电,为 C_4 提供放电通道。

输出电压可调的整流稳压电源成品如图 1-1-8 所示。

5．阻容降压整流电源

对于小电流负载可以使用阻容降压整流电源(图 1-1-9),用电容降压代替变压器降压可以减小电子产品的体积。阻容降压整流电源的内阻比较大,所以它不适用在动态变化大的大电流负载场合,其电路原理图如图 1-1-10 所示。

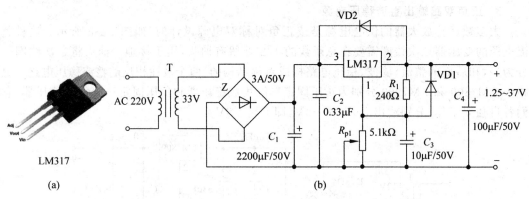

LM317

(a)

(b)

图 1-1-7　输出电压可调的整流稳压电源电路原理

图 1-1-8　输出电压可调的整流电源成品　　图 1-1-9　阻容降压整流电源成品

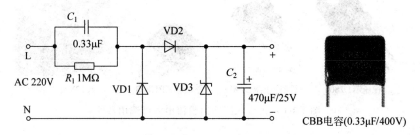

图 1-1-10　阻容降压整流电源电路原理

　　各元器件的作用是：C_1 为降压电容器，电容器通过容抗对 220V 分压和限流，以保证负载获得所需要的电压，电容降压本身基本没有能量损耗，这一点和电阻不同。降压电容一般选用 CBB(聚丙烯)电容，耐压必须在 400V 以上；VD2 为半波整流二极管；VD1 的作用是在市电的负半周时给 C_1 提供放电回路；VD3 是稳压二极管，稳压值等于负载的工作电压。R_1 的作用是当关断电源后为 C_1 提供放电回路。

　　由于阻容降压整流电源的内阻较大，输出电流不宜过大，一般在 100mA 以下。输出电流大小与降压电容的容量有关，如在 50Hz 的工频条件下，一个 $1\mu F$ 的电容所产生的容抗约为 3180Ω，对于半波整流电路，每微法能向负载提供的最大电流为 30mA($I_c=U/X_c=0.45\times 220\times 2\times 3.14\times 50\times C\approx 30$(mA))。对于图 1-1-10 所示电路中降压电容为 $0.33\mu F$，能够提供的最大电流为 22mA。

　　阻容降压整流电源最大的优势就是体积小(图 1-1-9)，但也存在一些缺点，其中最重要的一个是由于直流侧和交流侧是直通的，容易造成人体触电事故，使用时要特别谨慎，在使用时火线(L)和零线(N)不能颠倒。

6．倍压整流电源

在一些需用高电压、小电流的地方,常常使用倍压整流电源,其电路原理如图 1-1-11 所示。倍压整流电路一般按输出电压是输入电压的多少倍,分为二倍压、三倍压与多倍压整流电路。因此,在倍压整流电路中,对整流二极管和电容器的耐压要求较高。

其电路原理分析如下：U_2 正半周(上正下负)时,二极管 VD1 导通,VD2 截止,电流经过 VD1 对 C_1 充电,将电容 C_1 上的电压 U_{C1} 充到接近 U_2 的峰值 $\sqrt{2}\,U_2$,并基本保持不变。U_2 为负半周(上负下正)时,二极管 VD2 导通,VD1 截止。此时,C_1 上的电压 $U_{C1}=\sqrt{2}\,U_2$ 与电源电压 U_2 串联相加,电流经 VD2 对电容 C_2 充电,如此反复充电,C_2 上的电压就基本稳定在 $U_{C2}=2\sqrt{2}\,U_2$ 了,因为这个值是变压初级电压 U_2 峰值的二倍,所以叫作二倍压整流电路。

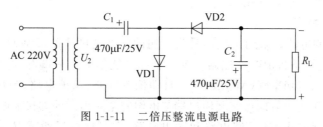

图 1-1-11　二倍压整流电源电路

7．开关型直流稳压电源

直流稳压电源分为线性稳压电源和开关型稳压电源,前面所讨论的直流电源均属于线性稳压电源,线性直流稳压电源需要大而笨重的变压器,同时电路所需的滤波电容的体积和重量也相当大,且在输出较大电流时,电路转换效率低,一般只有 $20\%\sim40\%$,还要安装很大的散热片。这种电源不适合在计算机等设备上使用。开关型稳压电源电路中的元件体积小,效率可提高到 $60\%\sim80\%$,且自身抗干扰能力强、输入电压范围宽。但由于逆变电路中会产生高频电压,开关电源对周围设备有一定干扰,需要良好的屏蔽及接地。开关型直流稳压电源原理框图如图 1-1-12 所示。

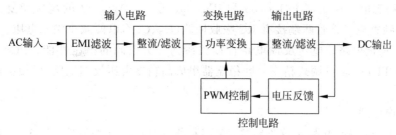

图 1-1-12　开关型直流稳压电源原理框图

1) 电路各部分的作用

（1）输入电路。

① 线路滤波及浪涌电流抑制。将电网中的各种杂波进行过滤,同时也阻碍本机产生的杂波反馈到公共电网。

② 整流与滤波。将电网交流电源直接整流为较平滑的直流电(300V),以供下一级变换。

（2）变换电路。利用高频振荡电路将整流后的直流电变为高频交流电（逆变），这是高频开关电源的核心部分。频率越高，体积、重量与输出功率之比越小。

（3）输出电路。利用整流、滤波电路将高频交流电变为负载需要的稳定可靠的直流电源。

（4）控制电路。一方面，从输出端取样，经与设定标准进行比较，然后控制逆变器，改变其频率或脉宽，达到输出稳定；另一方面，根据测试电路提供的数据，经保护电路鉴别，提供控制电路对整机进行各种保护措施。

2）60W 宽电压范围开关电源电路分析

图 1-1-13 为 60W 宽电压范围开关电源原理图。此电源的指标：输入电压为 85～265V（AC），输出为 +12V、5A。这种输入电压为 85～265V 的开关电源在美国、日本等使用 110V 交流电的国家也可以使用。

（1）电路结构特点

① 电源的控制电路。采用了应用最为普遍的脉冲宽度调制（PWM）方式。TOPSitch-Ⅱ系列单片开关电源是将 PWM 控制系统的全部功能集成到三端芯片中（TOP227Y）。内含脉宽调制器、场效应功率管（MOSFET）、自动偏置电路、保护电路、高压启动电路和环路补偿电路，通过高频变压器即可实现输出端与电网完全隔离。外部仅需配整流滤波器、高频变压器、漏极钳位保护电路、反馈电路和输出电路，即可构成反激式开关电源。TOP227Y 输出功率为 90W，内部有完善的过流和过热保护电路。

② 输入滤波电路。输入滤波电路是指 EMI 静噪滤波器，它是用来消除周围其他电子设备工作时产生的电磁辐射对本设备的干扰，同时也阻碍本机产生的杂波反馈到公共电网。选用电感量为 22mH 的共模扼流圈（L_2）和 0.1μF 输入差模滤波电容（C_6）构成。

③ 整流滤波电路。整流滤波电路包括工频（50Hz）整流滤波和高频整流滤波。工频整流滤波选用 2A/600V 的整流桥和 120μF/400V 的电解电容。高频整流滤波选用 25A/60V 的肖特基二极管（VD2）和 2200μF/16V 的电解电容（C_2）。

④ 尖峰电压吸收电路。在高频变压器的一次端，尖峰电压吸收电路采用反向击穿电压为 200V 的瞬态电压控制器 P6KE200 和 BYV26C 型 2.3A/600V 的超快恢复二极管来实现。二次高频整流二极管两端接有 RC 吸收回路（R_9、C_9），以便减小尖峰电压。

⑤ 电压反馈电路。电压反馈电路直接关系到开关电源的稳压性能。PC817A 型线性光耦合器和 TL431 型可调式精密并联稳压器组成高精度电压反馈电路，以便提高电源的负载调整率。

（2）工作原理

85～265V 的交流电源 u 首先经过 2A 熔断器（FU）、EMI 滤波器（C_6、L_2），再通过整流桥（BR）和滤波电容（C_1）产生直流高压 U_1，接高频变压器的一次绕组。L_2 为共模扼流圈，能减小电网噪声所产生的共模干扰，也能限制开关电源的噪声传输到电网中。R_8 为负温度系数（NTC）限流电阻，刚开机时可限制 C_1 的充电（冲击）电流。漏极钳位保护电路由瞬态电压抑制器（VD_{Z1}）和阻塞二极管（VD1）构成，可将变压器漏感产生的尖峰电压钳位到安全值。VD_{Z1} 采用反向击穿电压为 200V 的瞬态电压抑制器 P6KE200，选用 BYV26C 型 2.3A/600V 的超快恢复二极管。二次绕组电压通过 VD2、C_2、L_1 和 C_3 整流滤波，获得 12V 输出电压 U_O。RTN 为输出电压的返回端。R_9 和 C_9 用来抑制 VD2 上的高频衰减振

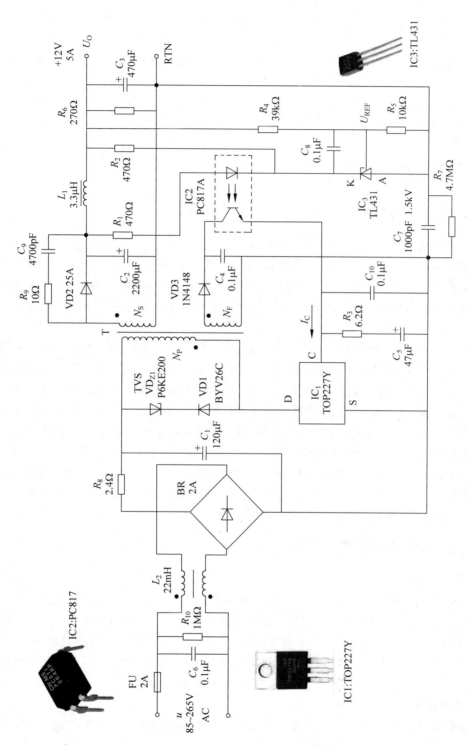

图 1-1-13 60 W 开关型直流稳压电源原理图

荡。R_6 为 +12V 输出的最小负载,用于提高轻载时的电压调整率。C_7 为安全电容,能滤除一、二次所产生的共模干扰。R_7 和 R_{10} 均为泄放电阻。

稳压原理: +12V 稳压值是由 TL431 的基准电压(U_{REF})、R_4、R_5 的分压比来确定。当 +12V 输出电压升高时,经 R_4、R_5 分压后得到的取样电压,就与 TL431 中的 2.5V 带隙基准电压 U_{REF} 进行比较,使阴极 K 的点位降低,光耦合器 PC817A 中 LED 的工作电流 I_F 增大,使 IC_1 控制端电流 I_C 增大,TOP227Y 的输出占空比减小,使 U_O 不变,从而达到稳压目的。R_1 为 LED 的限流电阻。反馈绕组 N_F 电压经 VD3 和 C_4 整流滤波后,供给 TOP227Y 所需偏压。

1.2 放大电路

1.2.1 放大电路概述

放大电路是应用最为广泛的一种单元电路。在电子控制系统中信号源一般是很微弱的,放大电路的作用就是通过放大提升其幅值以达到可以利用的程度。放大电路之所以对输入信号具有放大提升的能力,是因为放大器电路具有输入对输出的控制作用,即输入信号控制三极管从直流电源提取大的能量送给负载。所以说放大电路的实质是一种能量控制作用。

对于不同的电子系统其信号源会各有不同,信号源周围的电磁环境也不尽相同,对放大后的信号的利用也会不同,这样它们对于放大器的性能要求也就会不同。对于某一个电子系统来说,一个好的放大电路首先是要选一个合适的放大器件,然后以此为核心建立起一个合理的电路结构,最后选择合适的电路参数才可以使其工作在最佳状态。如果一个很重要的电子系统采用了一个性能一般的放大电路,或者是放大电路的制作成本较高,但没有充分考虑信号源的特性,这两种情况都不会有好的结果。因此,在选用放大电路时必须要综合考虑各种因素,以保证电子系统能够高质量工作和尽可能低成本为最佳方案。另外,放大电路的安装和调试水平也会对放大电路的工作产生一定的影响。为此,了解和掌握各种典型放大电路的结构、特点及安装调试方法显得非常重要。

1.2.2 放大电路类型及选用

1. 放大电路分类

放大电路可以从不同角度来进行分类:按放大器件的形态不同,有分立器件和集成器件之分;按放大器件工作时参与导电载流子的种类不同,有双极型(自由电子和空穴同时参与到电)和单极型(只有一种载流子参与导电)之分;按放大级数多少,有单级和多级之分;按所针对的信号源性质不同,有直流放大和交流放大、小信号放大和大信号放大、高频放大和低频放大之分;按输出信号特征不同,有电压放大和功率放大之分。

2. 放大器件的选用

放大电路以放大器件为核心,因此放大器件的基本性能就决定了放大电路的性能。因此,合理地选择放大器件对整个电子系统非常重要。

1) 三极管的选择使用

尽管集成运放在放大电路的应用中已经占有主导地位,但三极管仍然在很多场合被使用。对初学者来说,掌握三极管的使用是很有必要的,因为三极管确实能解决很多问题,同时它也是集成运放的基础。三极管的种类繁多,目前市面上除了有国产型号,更多的是国外型号国产化的产品。各半导体器件生产厂商都有自己的产品系列及型号,相互都有性能相近的产品,可以互换使用。所以在实际应用时选择的余地很大,一般是根据不同用途来进行选择。

从电路功耗要求选择时,有小功率、中功率或大功率管;从频率要求选择时,有低频管、高频管或超高频管;从三极管管型选择时,有 NPN 型和 PNP 型管;从输入阻抗要求选择时,有双极型晶体三极管和单极型结型场效应管或绝缘栅场效应管;从耐压要求选择时,有高反压管;从电路的工作速度选择时有开关三极管;从温度稳定性考虑时,凡能使用硅管的地方,就不使用锗管。

三极管的管型即 NPN 或 PNP 的选择可以从三极管的型号来辨别,例如国产管型号代表的意义如表 1-2-1 所示。

表 1-2-1　国产三极管型号的意义

3AX	PNP 型低频小功率管(锗管)	3BX	NPN 型低频小功率管(锗管)
3CG	PNP 型高频小功率管(硅管)	3DG	NPN 型高频小功率管(硅管)
3AD	PNP 型低频大功率管(锗管)	3DD	NPN 型低频大功率管(硅管)
3CA	PNP 型高频大功率管(硅管)	3DA	NPN 型高频大功率管(硅管)

此外,有国际流行的 9011—9018 系列高频小功率管,除 9012 和 9015 为 PNP 管外,其余均为 NPN 管。

在选择三极管时一般要同时考虑几种因素,但有些因素有相互制约关系,所以应抓主要矛盾,兼顾次要因素。

低频管的特征频率 f_T 一般在 2.5MHz 以下,而高频管的 f_T 都从几十兆赫到几百兆赫甚至更高。选管时应使 f_T 为工作频率的 3～10 倍。原则上讲,高频管可以代换低频管,但是高频管的功率一般比较小,动态范围窄,在代换时应注意功率条件。

三极管的电流放大能力用 β 表示,一般希望 β 选大一些,但也不是越大越好。β 太高,容易引起自激振荡,何况一般 β 高的三极管工作不稳定,受温度影响大。通常 β 多选在 40～100 之间,但低噪声、高 β 值的三极管(如 9011～9015 等)温度稳定性仍较好。另外,对整个放大电路来说,还应从各级的配合来选择 β。例如,前级用 β 高的三极管,后级就可以用 β 较低的三极管;反之,前级用 β 较低的三极管,后级就可以用 β 较高的三极管。

集电极-发射极反向击穿电压 U_{CEO} 应选得大于电源电压(V_{CC})。穿透电流 I_{CEO} 越小,对温度稳定性越好。普通硅管的稳定性比锗管好得多,但普通硅管的饱和压降较锗管微大(硅管 $U_{CES}=0.3V$;锗管 $U_{CES}=0.1V$),在某些电路中会影响电路的性能,应根据电路的具体情况选用。选用晶体管的耗散功率(P_M)时应根据不同电路的要求留有一定的余量。

对高频放大、中频放大和振荡器等电路用的晶体管,应选用特征频率 f_T 高、极间电容较小的晶体管,以保证在高频情况下仍有较高的增益和稳定性。

需要说明的是,由于三极管制造的离散性,即使同一型号的性能也有较大差别,在批量使用时为了保持产品性能的一致性,应对其影响电路的参数进行筛选测试。

2)集成运放的选择使用

集成运放具有体积小、功耗低、可靠性高且安装调试容易等优点,故得到广泛的应用。由于集成运放在电子系统中扮演着主要角色,所以生产厂商经过多年的努力开发出了种类繁多、性能参数各有所长的不同系列产品,可供给不同情况下使用,以便满足使用者对性价比要求。一般来讲,选择集成运放的原则是在满足电气特性的前提下,尽可能选择价格低廉、市场货源充足的器件,即选用性能价格比高、通用性强的器件。

(1)运放类型选用

① 通用型运放。这类器件主要特点是价格低廉,产品量大面广,其性能指标能适合一般性使用,如用于音频信号放大或温度传感器信号放大等。在通用运放子系列中,有单运放（μA741）、双运放(LM358)、四运放(LM324)等多个品种。对于多运放器件,其最大特点是内部对称性能好,因此,在考虑电路中需要多个放大器(如有源滤波)或要求放大器对称性好(如测量放大器)时,可选用多运放,这样也可减少器件、简化线路、缩小面积和降低成本。

② 高阻型运放。这类运放的特点是差模输入阻抗非常高,输入偏置电流非常小。适合用在具有高内阻信号源的放大,如对生物信号的放大。这类器件有 LF356、LF355、LF347(四运放)、CA3140 等。

③ 精密型运放。这类运放主要特点是它的输入失调电压低于 1mV。输入失调电压会给放大结果带来误差,所以希望输入失调电压越小越好,且不随温度变化而变化。一般运放的失调往往是几个毫伏,而精密运放可以小到 1μV 的水平。要放大微小的信号,必须用精密运放。常用的高精度低温漂运放有 OP07、OP27、OP37、OP177 等。精密运算放大器通常也称为数据放大器。

④ 高速宽带型运放。这类运放转换速率(SR)高,单位增益带宽(BWG)足够大,可以用于视频信号放大、高速采样/保持、高频振荡及波形发生器、锁相环等场合。型号有 LM318、μA715。

⑤ 低功耗型运放。这类运放具有低电源电压和低功耗的特点,可以用电池供电。适用于各种便携式电子设备。型号有 TL-022C、TL-060C、ICL7600。其中,ICL7600 的供电电压为 1.5V,功耗为 10mW。

另外,对于需要高压输入/输出的场合,可选用高压运放 μA791。对于需要增益控制的场合,可选用程控运放 PGA103A。

在选用运放时需要注意,盲目选用高档的运放不一定能保证电子系统的高质量,因为运放的性能参数之间常相互制约。如果经过耐心挑选,也可从低档型号中挑选出具有所需某项性能参数的运放。

(2)运放级数选用

在实际应用中,对于微弱信号(如人体脉搏信号)的利用首先要进行足够倍数的放大,而从运放工作稳定性来考虑,单级运放的放大倍数不宜超过 100。另外,受运放的带宽限制,当输入信号频率过高时,其放大能力会下降。因此,在需要高放大倍数的场合,可采用多级运放进行接力式放大。

3. 放大电路结构的选择

放大电路的结构是指放大器件在电路中的接法和级数。放大器件在电路中的不同接法及采用的放大级数不同都会对放大器的性能产生不同的影响。

1）放大电路性能与结构的关系

（1）高放大倍数需要多级放大结构

为了获得较高的放大倍数就要采用多级放大电路结构。一个电子放大系统通常由输入级、中间级和输出级构成。输入级属于小信号放大器，直接与信号源相连接，它的主要作用是从信号源处获得尽可能大的、无干扰的有用信号；中间级的主要作用是增大有用电压信号的幅度，也就是提高电压放大倍数，同时还要抑制其他干扰信号；输出级的作用是产生足够的输出功率以满足负载的需要。

（2）放大电路结构对输入、输出电阻的影响

放大电路的输入、输出电阻是放大电路的重要参数，通常希望输入电阻越大越好，输出电阻越小越好。输入电阻大，可以减小信号源的负担，并可以获得较大的输入信号；输出电阻越小，带负载能力就越强。

放大器的输入回路与信号源连接起来后，信号源就作用在放大电路的输入电阻上，信号源的内阻和放大电路输入电阻形成一种串联关系，放大电路要想从信号源处获得尽可能大的输入信号，其输入电阻应比信号源内阻大 10 倍以上，以减小输入回路的电流，否则会在信号源内阻上有较大的电压损耗，这样会出现放大电路有劲使不出的现象。

放大电路输入电阻的大小首先取决于放大器件本身的特性，另外与放大电路的接法有关。三极管按共地方式有三种接法，如图 1-2-1 所示。三种接法下，它们的输入电阻是不同的，如表 1-2-2 所示。

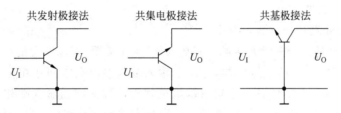

图 1-2-1　三极管的三种共地方式

表 1-2-2　三极管放大电路在不同组态时的性能比较

组态	放大倍数 A_V	输入电阻 R_I	输出电阻 R_O	适用场合
共发射极	$\beta \dfrac{R_c /\!/ R_L}{r_{be}}$（较大）	$R_{b1} /\!/ R_{b2} /\!/ r_{be}$（适中）	R_c（适中）	低频放大
共集电极	$\dfrac{(1+\beta)R'_L}{r_{be}+(1+\beta)R'_L}$（近似为1）	$R_b /\!/ [r_{be}+(1+\beta)R'_L]$（很大）	$\dfrac{r_{be}+(R_s /\!/ R_b)}{1+\beta}$（很小）	阻抗变换
共基极	$\beta \dfrac{R_c /\!/ R_L}{r_{be}}$（较大）	$R_e /\!/ \dfrac{r_{be}}{1+\beta} \approx \dfrac{r_{be}}{1+\beta}$（较小）	R_c（适中）	高频放大

从表 1-2-2 中可以看出，共集电极接法（射极输出器）的输入电阻最大，输出电阻最小，因此，它多被用来作为输入级和输出级。

放大管的输入电阻还和放大器件有关，双极型三极管的输入电阻比较小（几千欧），这是因为它是电流控制器件（用输入电流控制输出电流）。单极型场效应管的输入电阻极高（可

16

达几百兆至几千兆),这是因为它是电压控制器件(用输入电压控制输出电流)。因此,当需要高输入电阻时,应采用场效应管构成的放大电路。

2)放大电路稳定性与放大电路结构的关系

我们希望放大电路的工作要稳定,不出现失真等现象,但实际上它的工作是不稳定的,它会受各种因素的影响,其中温度的变化会影响它静态工作点的稳定,从而会导致输出信号出现失真。在放大电路中引入负反馈可以起到稳定工作点的作用。负反馈不仅可以稳定静态工作点,还可以改善放大电路的动态性能。因此,几乎所有放大电路都要引入负反馈。负反馈有不同的类型,对放大电路产生的影响也不同。电压负反馈可以稳定输出电压,这相当于减小了输出电阻(具有了电压源特性);电流负反馈可以稳定输出电流,这相当于增大了输出电阻(具有了电流源特性);串联负反馈可以提高输入电阻;并联负反馈可以减小输入电阻;交流负反馈还可以稳定放大倍数、展宽通频带。尽管负反馈会使电压放大倍数被削弱,但可以通过增加放大级数来弥补。

3)集成放大电路的结构及选择

集成运放在结构上有其特殊性:有两个输入端且这两个输入端内部的偏置电流要由外电路提供;有的还有调零端用于零输入、零输出达不到时的人为调零;在电源供给方式上,有用正负双电源供电的,也有使用单电源的;输出端的静态工作点的设置与信号源性质和电源结构有关。在线性使用时,在其输出端和反相输入端之间必须跨接一个负反馈电阻。由于这些特殊性,在实际使用中能把集成运放运用好也是一件不容易的事情,所以要对集成运放有个深入的了解。

(1)对集成运放的认识

① 集成运放外端结构及输入方式

集成运放本身是一个多级直接耦合式放大器,为了克服"零漂",它的第一级采用了差动放大电路,因此使它拥有两个输入端,这两个输入端与输出端之间在相位上一个是同相关系,另一个是反相关系,因此,这两个输入端就被相应地称为同相输入端和反相输入端。有两个输入端是运放的一个很大特点,这使它可以放大差模信号并抑制共模信号,增强了抗干扰能力。当然它也可以采用单端输入方式。也就是说运放的输入端和信号源之间可以有三种输入方式:反相输入、同相输入和差动输入。信号源与放大电路有共地端的可以采用单端输入方式,无共地端的采用差动输入方式。运放三种输入方式如图1-2-2所示。

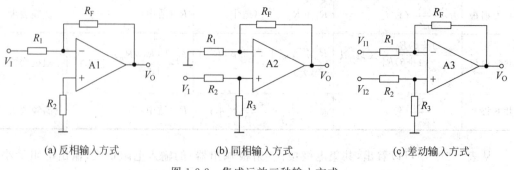

(a) 反相输入方式   (b) 同相输入方式   (c) 差动输入方式

图 1-2-2　集成运放三种输入方式

② 集成运放供电方式

集成运放的供电方式是按正负对称双电源设计,但也可以使用单电源供电。采用双电源可以提高输出电压动态范围,但对于便携式电子产品,为了减小产品的体积,均选择单电源供电方式。运放两种供电方式如图1-2-3所示。

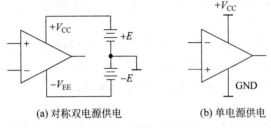

(a) 对称双电源供电　　　　(b) 单电源供电

图 1-2-3　集成运放的两种供电方式

③ 集成运放基本性能的测试

为了能够正确掌握集成运放的使用方法,可以利用 EWB 仿真工具对集成运放的基本性能进行测试,如图1-2-4所示。

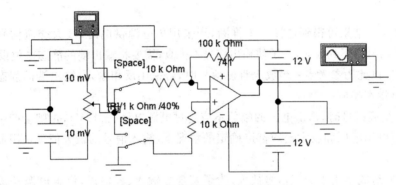

图 1-2-4　集成运放基本性能的测试

在 EWB 仿真电路中,集成运放选用型号为 $\mu A741$。输入信号为直流,对输入信号的要求是:输入信号可正负变化,其变化量为毫伏级。这里的输入信号由两个 10mV 的直流电源和一个可调电阻组成的信号电路提供。此电路可以实现直流正负信号放大的测试,输入信号可以在 $\pm 10mV$ 之间变化(通过电位器调节)。集成运放的输入方式可以是反相输入,也可以是同相输入,通过两个开关进行切换。$\mu A741$ 的工作电压范围为 $\pm(1.5 \sim 15)V$,图1-2-4中取 $\pm 12V$,$R_F = 100k\Omega$,$R = 10k\Omega$。

反相输入放大倍数为

$$A_u = \frac{u_O}{u_I} \approx -\frac{R_F}{R}, \quad A_u \approx -10$$

同相输入放大倍数为

$$A_u = \frac{u_O}{u_I} \approx 1 + \frac{R_F}{R}, \quad A_u \approx 11$$

测试时,输入信号分别取 50%(输入为零)、60%(输入为负值)、40%(输入为正值),然后观察输出电压极性和数值的变化。

取反相输入时,如下。

零输入:取 50%,即 $V_I = -16.57\mu V$,有 $V_O = -0.32mV$(理想情况应为零输入、零输出)。

负输入:取 60%,即 $V_I = -1.97mV$,有 $V_O = +19.21mV$。

正输入:取 40%,即 $V_I = +1.94mV$,有 $V_O = -19.85mV$。

取同相输入时,如下。

零输入:取 50%,即 $V_I = -17.5\mu V$,有 $V_O = -0.68mV$。

负输入:取 60%,即 $V_I = -2.02mV$,有 $V_O = -22.67mV$。

正输入:取 40%,即 $V_I = +1.94mV$,有 $V_O = +21.33mV$。

测试结果分析如下。

a. 反相输入时,输出信号与输入信号反相,电压放大倍数近似为 10。

b. 同相输入时,输出信号与输入信号同相,电压放大倍数近似为 11。

c. 根据输入取 50% 的测试结果分析,在零输入时实际输入信号不为零,使输出有 0.32mV 的误差,这说明运放的两个输入端参数不完全对称。

d. 采用双电源供电,既可以放大直流信号,也可以放大交流信号,输出信号以电源“地”为参考点。

e. 根据测试结果可得到这样一个推断,当采用单电源供电时,放大交流信号会出现失真,即负半周信号得不到放大,为了使输出信号不失真,需要将输出端的静态电位设为 $V_{CC}/2$,即让交流信号以此为参考点;当放大直流信号时,若采用反相输入,输出端的静态值不能为零,否则输出没有响应。

f. 放大交流信号时,输出电压的幅值不应超过电源电压(±12V),否则会产生失真。正因为如此,当电源电压和放大倍数都已确定的情况下,输入信号的最大值就被限制在一个范围内。

由于集成运放多用于交流信号放大,为了实现零输入、零输出,供电电源是按正负对称双电源设计,但也可以在单电源下工作。如 LM324 的供电方式为 ±(1.5~15V)/(3~30V),前者是指双电源供电,后者是指单电源供电。接下来看一下实际应用中使用双电源和单电源的交流放大电路结构。

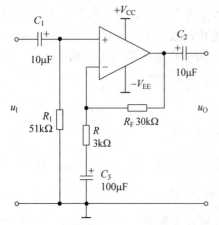

图 1-2-5　双电源同相输入交流放大电路

(2) 双电源供电的交流放大电路

① 双电源同相输入交流放大电路

图 1-2-5 是使用双电源的同相输入交流放大电路。两组电源电压 V_{CC} 和 V_{EE} 相等。C_1 和 C_2 为输入和输出耦合电容,起隔直通交作用;R_1 使运放同相输入端形成直流通路,内部的差分管得到必要的输入偏置电流;R_F 引入直流和交流负反馈,并使集成运放反相输入端形成直流通路,内部的差分管得到必要的输入偏置电流;由于 C_3 隔直流,使直流形成全反馈,交流通过 R 和 C_3 分流,形成交流部分反馈,为电压串联负反馈。

双电源供电时,可以以零点为中心正负输出。

无信号输入时,运放输出端的静态电压 $V_O \approx 0V$,交流放大电路的输出电压 $u_O = 0V$;有交流信号输入时,运放输出端的电压 u_O 可在 $-V_{EE} \sim +V_{CC}$ 之间变化,通过 C_2 输出放大的交流信号,输出电压 u_O 的幅值最大值近似为 $V_{CC}(V_{CC} = V_{EE})$。引入深度电压串联负反馈后,放大电路的电压增益:

$$A_u = \frac{u_O}{u_I} \approx 1 + \frac{R_F}{R}$$

放大电路的输入电阻 $R_1 = R_1 // r_{if}$。r_{if} 是运放引入串联负反馈后的闭环输入电阻。由于 r_{if} 很大,所以 $R_1 = R_1 // r_{if} \approx R_1$;放大电路的输出电阻 $R_O = r_{of} \approx 0$,r_{of} 为运放引入电压负反馈后的闭环输出电阻,r_{of} 很小。

② 双电源反相输入式交流放大电路

图 1-2-6 是使用双电源的反相输入交流放大电路。两组电源电压 V_{CC} 和 V_{EE} 相等。R_F 引入直流和交流负反馈,C_1 隔直流,使直流形成全反馈,交流通过 R 和 C_1 分流,形成交流部分反馈,为电压并联负反馈。为了减小运放输入偏置电流造成的零点漂移,可以选择 $R_1 = R_F$。引入深度电压并联负反馈后,放大电路的电压增益为

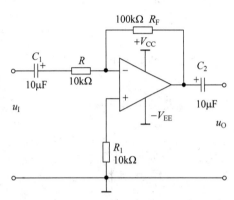

图 1-2-6　双电源反相输入交流放大电路

$A_u = \dfrac{u_O}{u_I} \approx -\dfrac{R_F}{R}$,因为运放反相输入端"虚地",所以放大电路的输入电阻 $R_1 \approx R$;放大电路的输出电阻 $R_O = r_{of} \approx 0$。

(3) 单电源供电的交流放大电路

集成运放也可以采用单电源供电,原 $-V_{EE}$ 端接"地"(即直流电源负极),集成运放的 $+V_{CC}$ 端接直流电源正极,这时,运放输出端的电压 u_O 只能在 $0 \sim +V_{CC}$ 之间变化。在单电源供电的运放交流放大电路中,为了不使放大后的交流信号产生失真,静态时,一般要将运放输出端的电位 V_O 设置在 0 至 $+V_{CC}$ 值的中间,即 $V_O = +V_{CC}/2$。这样能够得到较大的动态范围;动态时,V_O 在 $+V_{CC}/2$ 值的基础上,上增至接近 $+V_{CC}$ 值,下降至接近 0V,输出电压 u_O 的幅值近似为 $V_{CC}/2$。

① 单电源同相输入交流放大电路

图 1-2-7 是使用单电源的同相输入交流放大电路。电源 V_{CC} 通过 R_1 和 R_2 分压,使运放同相输入端电位被固定在($+V_{CC}/2$)上,静态时运放输出端的电压 $V_O = V_- \approx V_+ = +V_{CC}/2$。由于 C 隔直流,使 R_F 引入直流全负反馈。C_3 通交流,使 R_F 引入交流部分负反馈,是电压串联负反馈。

放大电路的电压增益:

$$A_u = \frac{u_O}{u_I} \approx 1 + \frac{R_F}{R}$$

放大电路的输入电阻:

$$R_I = R_1 // R_2 // r_{if} \approx R_1 // R_2$$

放大电路的输出电阻:

$$R_O = r_{of} \approx 0$$

② 单电源反相输入交流放大电路

图 1-2-8 是使用单电源的反相输入交流放大电路。电源 V_{CC} 通过 R_1 和 R_2 分压,使运放同相输入端电位为 $V_+ = +V_{CC} \times \dfrac{R_2}{R_1 + R_2} = +V_{CC}/2$,运放输出端的电位 $V_O = V_- \approx V_+ = +V_{CC}/2$;为了避免电源的纹波电压对 V_+ 电位的干扰,可以在 R_2 两端并联滤波电容 C_3,消除谐振;由于 C_1 隔直流,使 R_F 引入直流全负反馈。C_1 通交流,使 R_F 引入交流部分负反馈,是电压并联负反馈。

放大电路的电压增益为

$$A_u = \frac{u_O}{u_I} \approx -\frac{R_F}{R}$$

放大电路的输入电阻:

$$R_I \approx R$$

放大电路的输出电阻:

$$R_O = r_{of} \approx 0$$

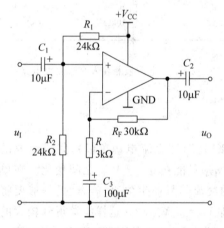

图 1-2-7　单电源同相输入交流放大电路

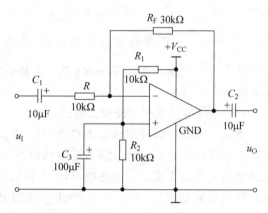

图 1-2-8　单电源反相输入交流放大电路

1.2.3　放大电路应用实践

1. 关于放大器输入级的选择

在初学者的实践中,可能会遇到这样的情况,为一个信号源安装了一个放大电路,但在调试时发现放大电路的输出达不到期望值,无论怎样调整参数,都没有多大改进。这很可能是放大器输入级的选择出了问题。输入级在放大电路的最前端,直接提取信号源产生的微小变化并进行一次放大。信号源一般都很弱,能否提取到足够的变化量成了问题的关键。一个放大系统在选择放大电路输入级时,首先要明确信号源的性质。信号源种类繁多,如温度传感器、压力传感器、流量传感器、速度传感器等,它们有一个共同之处就是可以把各种非电量的变化转换为电量的变化。不同的传感器由于它们的物理结构不同,所以呈现的特性也会有所不同,其中一个不同就表现在信号源内阻上,有的很大,有的很小。放大电路的输入级有输入电阻,当两者对接后,只有信号源内阻和放大器的输入电阻匹配时,输入级才可提取到足够量的信号,具体来说,一个高阻抗的信号源不能直接接至低阻抗的放大电路上,两者的匹配是指两者阻抗值相近。通常信号源的类型是先被确定的,因此要根据这个信号源来确定输入级的性能及结构。

现以电容麦克、动圈式扬声器和压电陶瓷片三种信号源为例来选择各自的输入级放大器。这三种信号源都可以将声音变换为电信号,但是他们的内阻各不相同,动圈式扬声器的内阻最小,只有几欧姆至十几欧姆,压电陶瓷片的内阻最大,可达到几百兆欧,电容麦克的内阻居中,一般小于 $2k\Omega$。

1) 电容麦克放大器的选择

电容麦克(也称电容驻极麦克、咪头)是目前用得最多的一种声电转换装置,具有体积小、灵敏度高的特点,其外形和内部结构如图1-2-9所示。

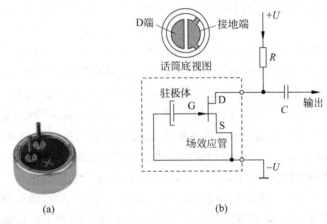

图 1-2-9 电容麦克外形及内部结构

电容麦克声电转换原理如下。

电容麦克的基本结构是由一片涂有金属的驻极体薄膜与一个上面有若干个小孔的金属电极(称为背电极)构成。驻极体与背电极相对,中间有一个极小的空气隙。形成一个以空气和驻极体作绝缘介质,以驻极体上的金属层和背电极作为两个电极构成一个平板电容器。由于驻极体薄膜上分布有自由电荷,当声波引起驻极体薄膜振动而产生位移时,改变了电容两极板的距离,从而引起电容量发生变化。由于驻极体上的电荷始终保持恒定,根据公式 $Q=CU$,当 C 变化时必然引起电容两端电压 U 的变化,从而输出电信号,实现声电的变换。由于实际电容器的电容量很小,输出的电信号极为微弱,输出阻抗又极高,可达数百兆欧以上。因此,它不能直接与放大电路相连接,必须连接阻抗变换器。通常用一个专用的场效应管和一个二极管复合成阻抗变换器,经过阻抗变换后,电容麦克的内阻下降至 $2k\Omega$ 以下。

根据电容麦克的特性,可以采用共发射极接法放大电路(输入阻抗 $R_2//R_3//r_{be}=1\sim2k\Omega$),如图1-2-10

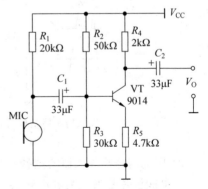

图 1-2-10 电容麦克放大器

所示。为了提高音质应采用低噪声三极管 C9014。

2）动圈式扬声器放大器的选择

动圈式扬声器本是一种电声转换设备，它和动圈式麦克的基本结构原理是相同的，所以在有些场合也可将它当麦克来使用。

动圈式扬声器声电转换原理以用图 1-2-11 来说明。

（1）电声转换原理。动圈式扬声器是由发音纸盆、纸盆托架、电磁线圈和永久磁铁等部分构成，使用时将音频电流加入到线圈中，线圈会产生与电流极性相适的电磁场，其强度与电流强度成正比。线圈产生的磁场与永久磁铁磁场相互作用使线圈受力并沿磁铁的轴向产生往复运动，由于纸盆与支撑线圈的圆筒骨架连为一体，所以纸盆也随之产生振动发出声音。

（2）声电转换原理。当把它当作麦克来使用，声音使纸盆产生共振，带动线圈沿磁铁的轴向产生微小移动时，线圈便会切割永久磁铁的磁场，在线圈中会产生感应电势，这样就实现了声电转换。

动圈式扬声器特性分析：动圈式扬声器的线圈匝数较少，所以产生的感应电势非常微弱，线圈的阻抗也很小，仅有几欧姆到几十欧姆。当把动圈式扬声器作为麦克使用时，若接入共发射极放大电路，经过测试发现放大电路的放大能力没有发挥出来。但若是接入共基极接法放大电路，结果有所好转，这是因为共基极放大电路的输入阻抗比较小，更接近扬声器的线圈阻抗。如果进一步从放大电路的输入电阻和信号源特性两个方面来分析，可以做如下测试，即对动圈式扬声器的电压和电流输出能力进行测试，具体做法是用手触碰扬声器的纸盆，然后用万用表的交流电压挡和交流电流挡分别测试电压和电流，测量结果表明，扬声器的电流输出能力要大于电压输出能力。对于这样一个信号源，放大电路的输入电阻不能太高，否则就会影响信号源电流的进入。而共发射极接法的放大电路输入电阻为几千欧姆，共基极放大电路的输入电阻为几百欧姆，所以采用后者的效果就要比前者好。共基极放大电路如图 1-2-12 所示。

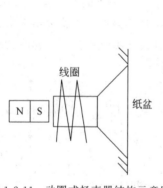

图 1-2-11　动圈式扬声器结构示意图

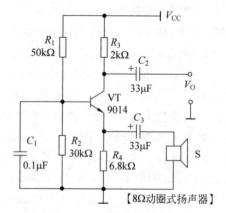

图 1-2-12　共基极放大电路

3）压电陶瓷片放大器的选择

压电陶瓷片是另一类电声转换器件，可以用来做蜂鸣器或高音扬声器，它也具有可逆性，可将声音或振动转换为电信号。压电陶瓷片声电转换原理如下。

压电陶瓷是一种能将机械能和电能相互转换即具有压电效应的陶瓷材料。所谓压电效应,是指某些介质在受到机械压力时,哪怕这种压力像声波振动那样微小,都会产生压缩或伸长等形状变化,引起介质表面带电(声电转换)。这是正压电效应。反之,施加激励电场,使介质产生变形发声(电声转换),称逆电效应。利用压电陶瓷的正压电效应可以制成振动传感器(测量人体脉搏)或制成声呐传感器(测量水下物体)。利用压电陶瓷片的逆电效应可以制成蜂鸣器和高音扬声器。

压电陶瓷片的结构是在两片铜质圆形片中间放入压电陶瓷介质材料(类似电容结构),两个铜质圆形片即为两个电极,如图 1-2-13 所示。由于压电陶瓷片的两个电极被陶瓷介质隔离,所以其内阻极高(可达数百兆以上),在声波的作用下或两个电极直接受外力作用时,两个电极虽然能产生电场信号,但基本无电流输出能力。它的特性正好和动圈扬声器相反,一个是电流输出能力强,一个是电压输出能力

图 1-2-13 压电陶瓷片

强。如果用双极型三极管作为放大器件显然不合适,因为三极管是电流控制器件。在这种情况下应当采用单极型场效应管作为放大器件,因为场效应管是电压控制器件,输入电阻极高,工作时基本不需要输入电流。结型场效应管放大电路如图 1-2-14 所示。国产结型场效应管的型号有 3DJ6,3DJ7 等,如图 1-2-15 所示。如果输入级采用集成运算放大器,也必须选用"单极型"的,如 CA3140、OP07 等。该电路可用于检测人体脉搏的跳动,将压电陶瓷片放在手腕处脉搏跳动的位置用手轻轻压住,此时每当脉搏跳动一次时,输出端就会产生一个电脉冲,再通过整形电路变成标准脉冲后,用计数电路就可对其计数。

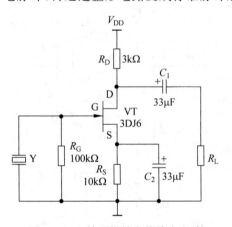

图 1-2-14 结型场效应管放大电路

N沟道场效应管3DJ6引脚图

3DJ(常用)

图 1-2-15 结型场效应管及引脚图

从以上分析可以得出结论:放大电路输入级的阻抗必须要与信号源的阻抗匹配,才能获得信号,否则即使后面有"千军万马"也发挥不出作用。因此在设计一个放大器之前,先要搞清楚信号源的基本特性,必要时可对其进行性能测试。

2. 关于小信号的放大问题

在一个电子系统中,如果需要对某一个物理量(如温度)进行精确控制,而代表这个物理量的电压信号非常微弱(在 10mV 以下),其周围又有较大的共模信号存在,在这种情况下应选用共模抑制比很高的差动放大电路,同时还要求放大电路有极高的输入电阻以减小信号源内部的损耗,具有这样性能的放大电路称为测量放大器(或数据放大器),如图 1-2-16

所示。其总放大倍数为

$$K = -\left(1 + \frac{2R_1}{R_G}\right) \cdot \frac{R_5}{R_3}$$

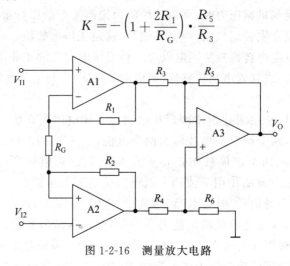

图 1-2-16   测量放大电路

测量放大器通常由三个性能一致的运放组成,A3 为差动放大电路,A1 和 A2 是两个同相输入放大电路组成输入级,它们的作用除了具有放大作用外,主要是用来提高整个放大电路的输入电阻。这种组合构成了一种具有极高输入电阻的差放电路。为了提高精度,测量放大电路中三个运放的性能要一致,为此可以用集成四运放来实现(如 T084),如果要求更高,可以采用专用集成测量放大器 AD521,如图 1-2-17 所示。

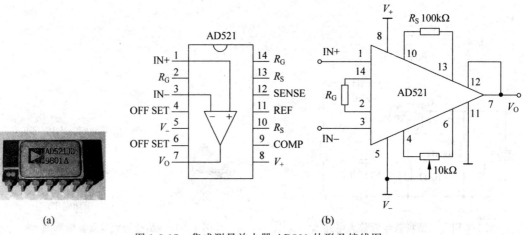

图 1-2-17   集成测量放大器 AD521 外形及接线图

测量放大器要做到精确放大,必须进行零输入、零输出调试,在 AD521 的电路中是通过电位器进行调零。放大器总的电压放大倍数可按下式进行计算,其放大倍数可以在 1～1000 范围内调整。

$$K = \frac{R_S}{R_G}$$

3. 关于运放输出功率的提升

除了功率运放外,普通运放输出的功率是有限的(一般电流在 10mA,电压在 ±12V 左右),有什么办法在不使用功率运放的情况下能让运放输出功率有一定的提升,以满足负载的需要。此时可以用两个三极管即可解决问题,如图 1-2-18 所示。在运放的输出端接了一个互补射极跟随电流提升器,可以提升输出电流达到 100mA 以上。

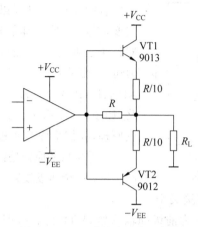

图 1-2-18　运放输出功率的提升

1.3　振荡电路

1.3.1　振荡电路概述

从能量的角度来讲振荡电路是一种能量转换电路,即可将直流电能转换为交流电能,相对于整流原理来说,它是一种逆变过程。工频电的频率 50Hz 是固定不变的,而振荡电路的工作频率可以根据需要改变。振荡电路有许多用途,在电子琴中,振荡电路通过输出不同频率、不同波形的电流,可使扬声器发出不同音调和不同音色的声音。振荡电路也是各种无线电收发设备、雷达射频电路中非常重要的组成部分。

1.3.2　振荡电路类型及选用

振荡电路是一种不需要外来输入信号激励就可以产生交流输出的电路。按输出波形不同,可分为正弦波振荡器和非正弦波振荡器。

正弦波振荡器的基本结构:放大器＋正反馈＋选频网络(RC 或 LC)。

非正弦波振荡器的基本结构:放大器＋正反馈。

正弦波振荡器通常用在无线电收发设备中,如在无线电发射设备中利用正弦波振荡器产生高频载波信号;在超外差无线电接收设备中用正弦波振荡器产生"本振"信号。正弦波振荡器的另一个用途就是可以作为电路测试用的信号源,如低频信号发生器。非正弦波振荡器输出的波形有多种,常用的有矩形波、三角波和锯齿波,在数字电路中的 CP 脉冲多采用矩形波。

1.3.3　振荡电路应用实践

振荡电路似乎是一个很神秘的电路,它既能使扬声器发出各种声音,又能产生用于电子表计时的基准秒脉冲信号,还能将几伏的直流电转换为几十伏或上百伏的高压脉冲用于电子针灸或警用电棍。实际上组成一个振荡电路并不难,仅用几个元器件就可以组成一个能使扬声器发音的振荡电路。

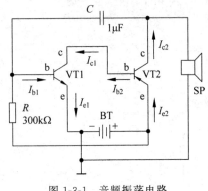

图 1-3-1　音频振荡电路

1. 用 NPN＋PNP 双管组成的音频振荡电路

音频振荡电路可以产生 20Hz～20kHz 范围的交变信号，这是人耳能够听到的声音信号。用扬声器作为音频振荡电路的负载，振荡电流产生的电磁力可以推动扬声器纸盆振动使其发出音响。用 NPN、PNP 两个三极管可以组成一个非正弦振荡电路，如图 1-3-1 所示。为了让大家了解振荡电路的构成原理，我们下面分步进行讨论。

电路构成的原则是：放大电路＋正反馈。为此，我们先建立一个两级放大电路，然后再引入正反馈电路。

1）先确定前后级及其连接关系

如图 1-3-2(a)所示，VT1 为前级即输入级，VT2 为后级即输出级。两级间的连接必须保证三极管各极电流与电源极性一致，这样才可以保证电路在放大状态下进行信号的传递。

2）建立输入回路

三极管的电流放大作用就是用基极电流控制集电极电流，所以输入级的基极必须要有一个回路，图 1-3-2(b)中的电阻 R 从电源的正极为 VT1 的基极引入电流（偏流），这样就形成了输入回路。

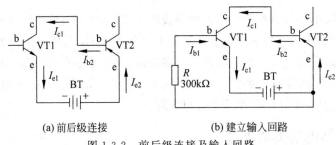

(a) 前后级连接　　　　　　　(b) 建立输入回路

图 1-3-2　前后级连接及输入回路

3）建立输出回路

输出回路电路如图 1-3-3 所示。放大电路的输出级一定要带负载。这里用 8Ω 扬声器作为负载，扬声器的一端接在 VT2 的集电极，另一端接电源负极，这样就构成了输出回路。到目前为止，放大电路已经接好，但电路中的电流均为直流量，扬声器不会发出音响。要想使电路中的电流动起来，就必须引入正反馈。

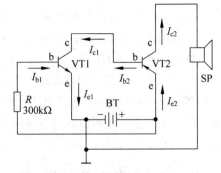

图 1-3-3　建立输出回路

4）建立正反馈电路

在输出回路和输入回路之间跨接一个电容器 C，这就是正反馈电路，如图 1-3-1 所示。反馈的极性可以用瞬时极性法来判断。电容 C 只对交流量的变化产生反馈。由于电容两端电位不同，电容中会有充电或放电电流通过，这样就给输入级提供了动态激励信号使电路起振，经过放大和再反馈的不断重复，使电路的振荡得以维持,这样扬声器便可以发出连续的声音。改变电阻或电容参数,可以改变振荡频率,音调也随之改变,利用这个原理可以制作一个简易电子琴。另外,也可以对这个电路稍加改动,在电源回路中增加一个"电键",可成为一个摩尔斯电码练习器,有规律地按下电键,便可产生"滴滴答答"的发报声音。

按图 1-3-1 用 EWB 做仿真如图 1-3-4 所示。

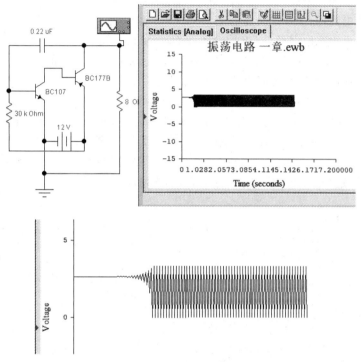

图 1-3-4　EWB 仿真电路

2. 用 NPN＋NPN 双管组成的多谐振荡电路

在上述的振荡电路中,采用 NPN＋PNP 组合是一种极性互补的串联结构,若采用 NPN＋NPN 组合也是可以的,但必须采用并联结构,如图 1-3-5 所示。所谓并联,是指两个三极管采用对称式连接,即两个三极管的集电极都可以作为输出端,也就是说两个三极管不分输入级和输出级,两者相互提供输入信号,或者说相互提供正反馈。电路之所以能产生振荡,是电路中的两个电容起了关键作用,这两个电容通过首尾连接方式将两个放大电路联系在一起。每个三极管集电极电位的变化都会通过电容影

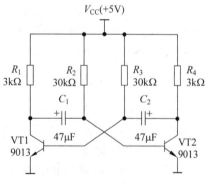

图 1-3-5　多谐振荡电路

响到另一个三极管的基极。由于两个三极管的状态总是相反的,即一个饱和另一个截止,电容就会有充电和放电过程,正是由于这种充放电使得两个三极管的基极电位在高低之间不停地变化,两个三极管的工作状态也就会在截止和饱和之间交替变化。

电路工作原理可从以下几个方面来理解。

（1）接通电源后，两个三极管都具备导通条件，其中一个会抢先导通进入饱和状态（由于两个三极管的 β 值不会完全相同），而另一个就会进入截止状态。

（2）每个电容都有正向充电、放电和反向充电的过程。当 VT1 截止，VT2 饱和时，C_1 处于正向充电状态，C_2 为放电状态；反之，C_1 处于放电状态，C_2 为正向充电状态。

C_1 正向充电路径：$+V_{CC} \rightarrow R_1 \rightarrow C_1 \rightarrow VT2 \rightarrow$ 地。

C_1 放电及反向充电路径：$+V_{CC} \rightarrow R_2 \rightarrow C_1 \rightarrow VT1 \rightarrow$ 地。

C_2 正向充电路径：$+V_{CC} \rightarrow R_4 \rightarrow C_2 \rightarrow VT1 \rightarrow$ 地。

C_2 放电及反向充电路径：$+V_{CC} \rightarrow R_3 \rightarrow C_2 \rightarrow VT2 \rightarrow$ 地。

（3）在两个电容交替充放电过程中，引起对方三极管基极电位的变化，进而使三极管的状态不停地在截止和饱和之间变化。趋向导通的三极管其基极和集电极电位变化是 $V_b \uparrow \rightarrow V_c \downarrow$，趋向截止的三极管其基极和集电极电位变化是 $V_b \downarrow \rightarrow V_c \uparrow$。

（4）当 VT1 饱和时，C_1 先放电（电容已充满 $+V_{CC}$），使 $V_{b2} \downarrow$（由于电容两端电压不能突变，此时 V_{b2} 的电位值接近 $-V_{CC}$，如图 1-3-6 所示），VT2 截止，然后在 C_1 反向充电至 0.6V 过程中，使 $V_{b2} \uparrow$，VT2 由截止变为饱和，而由于 VT2 的饱和，使 C_2 开始放电，$V_{b1} \downarrow$，VT1 趋向截止。这个过程会周而复始地进行下去，形成电路振荡。

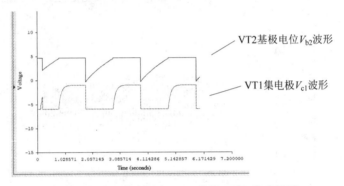

图 1-3-6　VT1 集电极和 VT2 基极 EWB 仿真波形

（5）由于两个三极管都工作在开关状态，所以当电路产生振荡时，两个集电极交替输出矩形波，因此，这种振荡电路也称为多谐振荡电路。

振荡电路的频率可按下式计算

$$f = \frac{1}{T} = \frac{1}{1.4 R_B C}$$

式中：R_B 是指 R_2 或 R_3；C 是指 C_1 或 C_2。

如果在两个集电极回路中各串接一个发光二极管，并将 R_1 和 R_4 换为 150Ω，电路工作时这两个发光二极管会交替闪亮。

3. 用一个运放组成的振荡电路

用运放组成振荡电路非常简单，在放大状态的基础上，再接入正反馈即可，如图 1-3-7 所示。具体做法是：在输出端与反相输入端和同向输入端之间各接入一个反馈元件 C_1 和 C_2，前者为负反馈，后者为正反馈，然后将两个输入端通过电阻接地。负反馈是保证运放处于线性工作状态，正反馈是为输入端提供激励信号。两个反馈元件均为电容，全部是交流反馈。振荡输出为方波，如果在输出端加一个积分电路，又可以获得三角波输出。按图 1-3-7 用 EWB 进行仿真输出波形如图 1-3-8 所示。

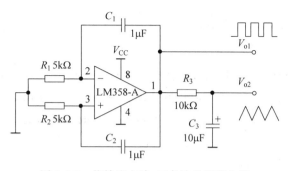

图 1-3-7 能输出方波、三角波的振荡电路

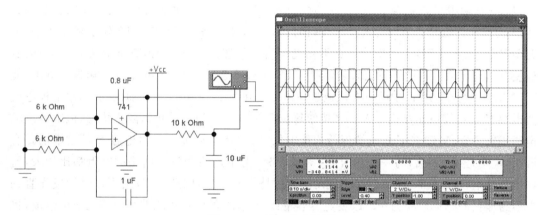

图 1-3-8 EWB 仿真波形

1.4 定时电路

1.4.1 定时电路概述

许多家电产品和电气设备在工作时需要对工作时间进行定时控制,如微波炉、电烤箱、洗衣机等,定时控制可以通过机械定时器或电子定时器来实现。目前电子定时器已经占据了定时器的半壁江山,成为主流配套产品。电子定时器可分为模拟类型和数字类型两种(图 1-4-1),模拟定时电路是利用电容充放电原理并通过转换开关改变阻容参数来对时间进行控制和设定;而数字定时电路是利用计数器对脉冲计数原理并通过键盘输入数字来对时间进行控制和设定。

(a) 模拟定时器   (b) 数字定时器

图 1-4-1 定时器

1.4.2　定时电路类型及选择

1. 模拟定时器

模拟定时器通常由阻容元件、控制电路和输出电路组成。阻容元件具有充放电特性，可以延缓电路状态的变化，用来实现定时控制作用。控制电路的作用是对电容器的充放电方式进行控制，控制电路可以由三极管或555集成电路构成。输出电路通常是由继电器或开关器件构成，用来连接负载。

1）三极管分立元件定时器

三极管分立元件定时器的电路如图1-4-2所示，它是由触发按钮、三极管放大和RC延时以及三极管开关电路构成的延（定）时电路。VT1和VT2组成直接耦合两级放大电路，VT3构成开关电路。当没有人按下按钮时，由于基极开路，VT1和VT2处于截止状态，因此VT3也截止，LED中无电流通过不发光。当人手按下按钮S时，有电流进入VT1的基极使其迅速导通并将此电流放大后驱动VT2饱和导通使VT2集电极电位降为低电平，使VT3也随之导通，LED中因有电流流过而发光。在VT2瞬间饱和导通的同时，集电极电流对电容C快速充电至接近12V。当按钮复位后VT1和VT2又回到截止状态，但电容两端电压不能突变，VT3的基极继续保持为低电位，LED继续发光。此时电容C的放电回路有两个，一个是R_4回路，另一个是R_5、VT3回路。由于这两个放电回路的电阻都比较大，所以电容放电较慢，VT3便可以在一段时间内保持导通状态，因此LED就可以继续发光直到电容将储存的电荷放完为止。改变电容容量或R_4、R_5的阻值可以改变电容的放电速度，也就可以改变LED发光的时间长短。

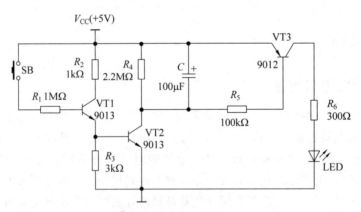

图1-4-2　三极管分立元件定时器的电路

2）555集成电路定时器

555集成电路内部结构及引脚图如图1-4-3所示，电路内部的前端是两个电压比较器，输出部分是一个R_S触发器，它可以对模拟输入量进行比较后产生开关量输出，因此用它搭建一个定时电路非常容易，如图1-4-4所示。这实际上就是555单稳态电路，所谓"单稳态"，是指它只有一个稳定状态（常态），是它没有被触发时的输出状态（输出为低电平），被触发后输出变为高电平，但只能维持一段时间（暂态）。利用这个高电平就可以控制负载的工作时间。555电路的2、6脚分别为"置1""置0"输入端，3脚为输出端，2脚的"置1"作用就是让 3 脚输出为 1 即高电平；6 脚的"置 0"就是让 3 脚输出为 0 即低电平。2 脚为低电平有效，6 脚为高电平有效。7 脚内部是一个开关三极管的集电极，它的发射极接地，导通时外面的电容可以通过三极管对地放电，截止时，电容就处于充电状态。4 脚为强迫复位端，低电平有效，即该脚为低电平时，3 脚输出端处于 0 态。在本电路中，555 定时器输出端的负载是直流继电器线圈，其常开触点串接在白炽灯电源回路中，由此可看出 555 定时器可以用来控制白炽灯的工作时间。二极管 D 是用于续流，可防止 555 电路被继电器线圈产生的反电势击穿。555 定时电路中由 R_2、R_3 和 C_1 的参数决定定时时间，可按下式来计算：

$$t_d = 1.1(R_2 + R_3)C_1$$

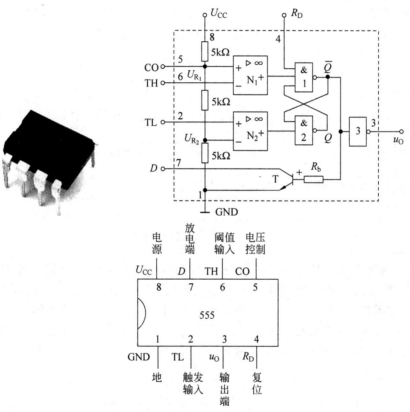

图 1-4-3 555 集成电路内部结构及引脚图

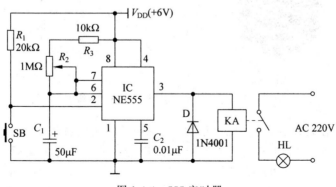

图 1-4-4 555 定时器

工作原理：电路通电后 555 处于置 0 状态,继电器线圈无电流通过,常开触点不动作,白炽灯不亮。此时 7 脚也为低电平,电容 C_1 不能被充电。如果此时按下按钮 S,2 脚获得低电平触发信号使 555 电路置 1,继电器常开触点闭合,白炽灯立即被点亮。此时 7 脚变为高电平,电容 C_1 便开始充电,当电容上的充电电压达到 6 脚要求的高电平时 $\left(\frac{2}{3}V_{CC}\right)$,555 电路复位,白炽灯熄灭。

2. 数字定时器

数字定时器通常由计时电路、时间设定电路、数值比较电路以及输出电路组成,基本结构如图 1-4-5 所示。其基本原理是用计时时间和设定时间进行比对,当两者相等时输出一个开关量来改变负载的工作状态。下面重点介绍 8421 编码开关、四位数值比较器 SN74LS85 和十进制计数器 SN74LS93 的功能和它们之间的工作关系。

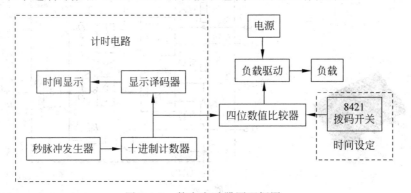

图 1-4-5 数字定时器原理框图

(1) 8421 编码开关。它是一种手动输入数值的器件,中间是一个转轮,外表标有 0~9 十个数码,在其上、下各有一个按键,可以控制转轮向上或向下转动。它的内部还设有代表 8421 码的四个开关,如图 1-4-6 所示。通过按压上、下键可以改变转轮上的数字,其内部转轮上四个动触头的位置也随之改变,使四个开关(8、4、2、1)处于不同状态,在外电路的配合下可以产生 8421 码。如编码开关显示 9,其内部的开关 8 和开关 1 闭合,输出端则有 $A_3A_2A_1A_0 = 1001$。

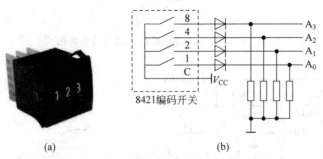

(a)   (b)

图 1-4-6 8421 编码开关外形及外部接线图

(2) 四位数值比较器 SN74LS85。如图 1-4-7 所示。四位数值比较是指它有两组数据输入端即 $A_0A_1A_2A_3$ 和 $B_0B_1B_2B_3$,分别用 A 和 B 表示,两组数据的来源一个是给定值,另一个是输入值,两者的关系可以有三种情况(IN：A>B、A<B、A=B),并对应三个输出端

（OUT：A＞B、A＜B、A＝B），如果数据比较的结果是 A＝B，则在 A＝B 的输出端上就会现高电平；若结果是 A＞B，则在 A＞B 的输出端出现高电平。在定时器中可采用 A＝B 控制方式，而在超温度报警系统中应采用 A＞B 控制方式。74LS85 还可以利用级联输入端（$I_{A>B}$、$I_{A<B}$、$I_{A=B}$）实现 8 位以上的数值比较，接法是将低位的输出端 $Y_{A>B}$、$Y_{A<B}$、$Y_{A=B}$，对应接在高位的 $I_{A>B}$、$I_{A<B}$、$I_{A=B}$ 上，而低位的级联输入端 $I_{A>B}$、$I_{A<B}$、$I_{A=B}$ 可接地。表 1-4-1 是 SN74LS85 的真值表。

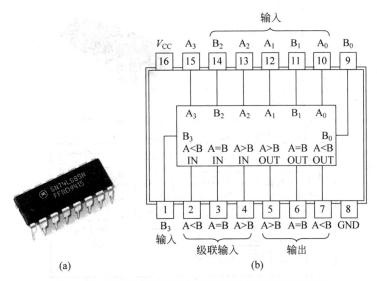

图 1-4-7 四位数值比较器 SN74LS85 外形及内部结构

表 1-4-1 SN74LS85 真值表

输　入				级联输入			输　出		
$A_3 B_3$	$A_2 B_2$	$A_1 B_1$	$A_0 B_0$	$I_{A>B}$	$I_{A<B}$	$I_{A=B}$	$Y_{A>B}$	$Y_{A<B}$	$Y_{A=B}$
$A_3>B_3$	×	×	×	×	×	×	H	L	L
$A_3<B_3$	×	×	×	×	×	×	L	H	L
$A_3=B_3$	$A_2>B_2$	×	×	×	×	×	H	L	L
$A_3=B_3$	$A_2<B_2$	×	×	×	×	×	L	H	L
$A_3=B_3$	$A_2=B_2$	$A_1>B_1$	×	×	×	×	H	L	L
$A_3=B_3$	$A_2=B_2$	$A_1<B_1$	×	×	×	×	L	H	L
$A_3=B_3$	$A_2=B_2$	$A_1=B_1$	$A_0>B_0$	×	×	×	H	L	L
$A_3=B_3$	$A_2=B_2$	$A_1=B_1$	$A_0<B_0$	×	×	×	L	H	L
$A_3=B_3$	$A_2=B_2$	$A_1=B_1$	$A_0=B_0$	H	L	L	H	L	L
$A_3=B_3$	$A_2=B_2$	$A_1=B_1$	$A_0=B_0$	L	H	L	L	H	L
$A_3=B_3$	$A_2=B_2$	$A_1=B_1$	$A_0=B_0$	×	×	H	L	L	H
$A_3=B_3$	$A_2=B_2$	$A_1=B_1$	$A_0=B_0$	L	L	L	L	L	L
$A_3=B_3$	$A_2=B_2$	$A_1=B_1$	$A_0=B_0$	H	H	L	L	L	L

（3）十进制计数器 SN74LS93。如图 1-4-8 所示。它是一个由四个 JK 触发器构成的十进制计数器，与其他十进制计数器不同的地方有两点：一是最低位的触发器输出端 Q_A 是开路的，按十进制计数时需将 Q_A 端接在上一位的 CK 端上；二是它的两个复位端 R0(1)、R0(2)，两者必须同时为高电平才可使计数器复位。

图 1-4-9 是一位数字定时器中的部分电路，它包括一片 8421 编码开关，用于负载工作时

<table>
<tr><th colspan="2">74LS93计数序列</th></tr>
</table>

计数	输出			
	Q_D	Q_C	Q_B	Q_A
0	L	L	L	L
1	L	L	L	H
2	L	L	H	L
3	L	L	H	H
4	L	H	L	L
5	L	H	L	H
6	L	H	H	L
7	L	H	H	H
8	H	L	L	L
9	H	L	L	H
10	H	L	H	L
11	H	L	H	H
12	H	H	L	L
13	H	H	L	H
14	H	H	H	L
15	H	H	H	H

74LS93真值表

复位		输出			
R0(1)	R0(2)	Q_D	Q_C	Q_B	Q_A
H	H	L	L	L	L
L	×	计数			
×	L	计数			

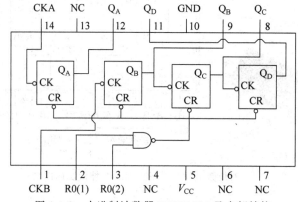

图 1-4-8　十进制计数器 SN74LS93 及内部结构

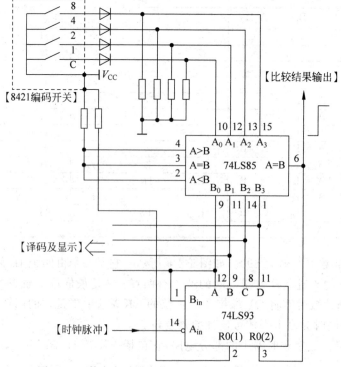

图 1-4-9　数字定时器中的预置、计时和数值比较电路

间预置;十进制计数器74LS93,用于对时钟脉冲计时;四位数值比较器74LS85,用于将计时数据 B 和预置数据 A 进行实时比较,当两者相等时,在其 6 脚输出一个高电平,去操控相关电路最终使负载停止工作。时钟信号可以通过分频获得秒信号或分信号,如果时钟取秒信号,则该电路最大定时长度为 9s;如果时钟取分信号,最大定时长度为 540s。

图 1-4-10 是三位数字定时器中的预置、计时和数值比较电路的接线关系。

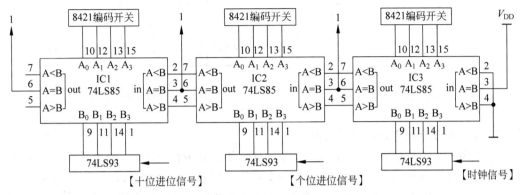

图 1-4-10　三位数字定时器基本原理电路部分

1.4.3　555 定时电路应用实践

由于 555 电路的特殊结构使其具有多种不同的应用,而且具有电路结构简单,易调试等优点。但在实际应用中有时还需要关注一些细节问题,如 555 电路的负载能力如何、能否实现长延时及采用何种触发方式等。

1. 关于 555 电路的带负载问题

555 电路按其内部使用的器件类型不同分为双极型和 CMOS 两类。双极型 555(如美国仙童公司的 NE555、美国无线电公司的 LM555)带负载能力强,最大输出电流为 200mA,可直接驱动小电机、扬声器、继电器等负载;而 CMOS 型 555(如日本日立的 HA7555、日本东芝的 TA7555)输出电流较小,一般仅为 1～3mA(当电源电压 $V_{DD}=5V$)。当负载需要大电流输出时,需要增加电流驱动,如图 1-4-11 所示。

2. 关于延长 555 定时电路的定时时间问题

555 定时电路定时时间可由式 $t_d=1.1RC$ 进行如下计算。

当 $R=1M\Omega,C=1\mu F$ 时,$t_d=1.1s$。

当 $R=1M\Omega,C=10\mu F$ 时,$t_d=11s$。

当 $R=1M\Omega,C=100\mu F$ 时,$t_d=110s$。

按图中所给参数,$t_d=1.1\times2\times10^6\times330\times10^{-6}=726(s)$。如果为了提高定时时间,可把电阻取大,但电阻越大误差也越大;如果把电容取大,其漏电流也越大,这两种情况都会影响定时精度。为此可以采用图 1-4-12 所示电路。该电路是在 555 的 5 脚和电源之间接一个二极管,这样把 5 脚内原来的电位 $\frac{2}{3}V_{CC}$ 拉高到 $V_{CC}-0.7=11.3(V)$,这就使阈值电平也提高到 11.3V 以上,因而使电容 C 的充电时间大大延长,即在相同 RC 时间常数下使定时时间加大了几倍。按图 1-4-12 中给出的参数,定时时间最长可达 73min。

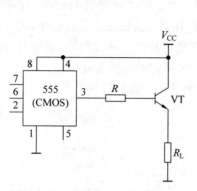

图 1-4-11　提升 555 输出电流

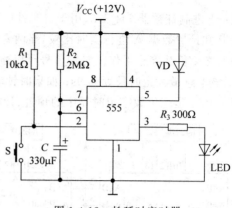

图 1-4-12　长延时定时器

3．关于 555 定时电路的触发问题

定时器的触发方式取决于它所在电路的用途,如用在节能灯上,一般是采用声控触发,如图 1-4-13 所示,声音信号用过麦克转换为交流信号经过 VT1 放大后,再经过 D2 和 C_4 整流滤波变为直流信号,使 VT2 由截止变为饱和状态,其集电极电位由高电平变为低电平,即可触发 555 定时器工作。图 1-4-14 是用 EWB 做的仿真波形图。

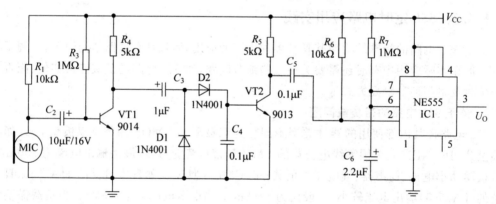

图 1-4-13　声控触发定时器

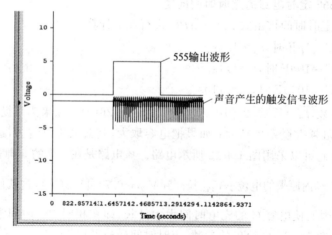

图 1-4-14　EWB 仿真波形

555 定时电路也可采用红外线光电开关来产生触发信号,如图 1-4-15 所示。红外线发光二极管和红外线接收三极管放在同一侧,当人体靠近它们时,人体将红外发光二极管发出的红外光反射到接收三极管上,三极管的状态由截止变为饱和,集电极电位由高电平变为低电平,触发 555 电路"置 1"。

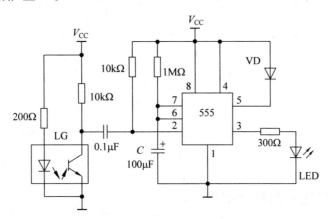

图 1-4-15 红外线触发定时器

4.关于 555 电路工作电源的选择

双极型 555 的工作电源为 4.5~15V,CMOS 型 555 的电源为 2~18V。在使用时,两者均可以满足 TTL 型和 CMOS 型数字电路的电平要求。但前者的功耗大于后者,电子产品如果采用电池供电时,应选用 CMOS 型 555 电路。

1.5 电压比较电路

1.5.1 电压比较电路概述

电压比较器是对输入信号进行比较与鉴别的电路,所谓比较,是指输入电压与给定的参考电压进行比较,而鉴别则是指比较后的输出结果,用开关量来表示。电压比较器广泛用于信号处理、测量和自动控制系统中。如空调设备对室内温度的调节过程是这样:先确定一个给定温度,即通过控制面板上参数设定产生一个电压作为给定信号,另一个电压信号由温度传感器产生,它的大小与室内的实际温度相对应。电压比较的目的是决定压缩机的工作状态:启动制冷或停止制冷,以使室内温度维持在某一个范围内。我们知道运算放大器有两个输入端,在引入负反馈时是工作在线性状态(闭环),输出与输入成比例关系;当去掉负反馈后,它就工作在非线性状态(开环),这时两个输入端电压的微小差别都会引起输出电压在最小和最大之间变化,这正是电压比较器所需要的工作状态。运算放大器作为电压比较器使用有两种基本接法,如图 1-5-1 所示,均为单限比较器。在图 1-5-1(a)的同相输入比较器中,反相输入端 V_- 作为给定端,同相输入端 V_+ 作为外来信号输入端。在图 1-5-1(b)的反相输入比较器中的接法与图 1-5-1(a)相反。两个电路虽接法不同,但工作原理都遵循如下关系:

$$V_+ > V_-, \quad V_O = 1(高电平) \quad V_+ < V_-, \quad V_O = 0(低电平)$$

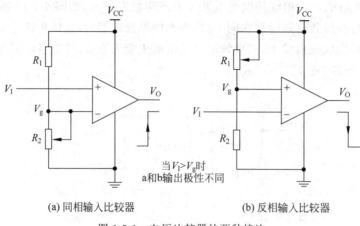

(a) 同相输入比较器　　　　　　　(b) 反相输入比较器

图 1-5-1　电压比较器的两种接法

1.5.2　电压比较器的类型及选用

一般来说,通用运算放大器大都可以做电压比较器使用,如 LM324、LM358、μA741、OP07、OP27 等。但在有些对电压分辨率要求较高的场合,通用运算放大器就有些力不从心了,在这种情况下应采用通用电压比较器。常用通用电压比较器有 LM393(高精度双电压比较器图 1-5-2)、LM339(高精度四电压比较器图 1-5-3)等,它们都是集电极 OC 门输出(即集电极开路),使用时输出端要外接一个 10kΩ 左右的上拉电阻。

图 1-5-2　高精度双电压比较器 LM393　　　图 1-5-3　高精度四电压比较器 LM339

LM393 和 LM339 的性能和参数基本相同,电源电压范围宽:单电源 2～36V,双电源 ±(1～18)V;输入失调电压小(即分辨率高),可以低至 2mV(LM324 为 3～7mV);静态电流 0.8mA。

在实际应用中会常遇到这样一种情况,当一个系统中既要用运算放大器又要用电压比较器时,为了节省空间选用一个四运放如 LM324,其中的两个工作在线性状态组成两级电压放大器,另外两个工作在非线性状态做电压比较器使用(在精度要求不高时),这是可以的;但反过来,让通用电压比较器如 LM339 工作在线性状态是否可以呢,通常情况下,比较器不能代替运算放大器,在负反馈条件下,比较器很可能会出现工作不稳定的情况。

1.5.3　电压比较器应用实践

电压比较器有两种基本接法,即同相比较器和反相比较器,在实际应用中采取哪种接法、给定电压又该如何取值呢？两个输入端一个加给定电压(也称门限电压)，另一个加被控对象的模拟电压，哪一个作为给定端需要看比较器后级电路的输入要求而定，即是高电平有效还是低电平有效；给定电压信号的门限值要根据对被控对象的限定要求来确定。电压比较器除了单限比较器接法，还有双限比较器(窗口比较器)和迟滞比较器，它们都有各自的特点，要根据具体情况来选用。

1. 直流电动机过载保护电路中的电压比较器

直流电动机的工作电流如果超过其额定电流时称为过载，当过载严重时将烧坏电动机绕组，所以为了防止电动机因过载而损坏，在电路设计时都要考虑过载保护措施。这是一个可以用单限比较器来解决的问题，电路如图 1-5-4 所示。图中采用了 LM393(1/2)组成同相电压比较器，其中 M 为直流电动机，由驱动电路提供工作电流。在驱动电路中加入了过载保护电路，一旦电动机过载，过载保护电路将切断电动机工作电源。R_1 为过载电流取样电阻，它将电动机的过载电流变换为电压信号作为电压比较器的输入，因为 R_1 与电动机串联，为了不影响电动机正常工作，其阻值要很小(一般取 $0.02\,\Omega$ 左右，但额定功率要大一些，可根据过载电流按 I^2R 来计算)，R_3、R_4 为分压电路，用来确定门限电压，门限电压要根据电动机过载时在 R_1 上产生的压降值来确定，如过载时 R_1 上的电压接近 $0.2\mathrm{V}$，那么门限电压可设在 $0.2\mathrm{V}$ 左右。R_5 为电压比较器输出上拉电阻。在电动机处于正常工作状态时，由于 R_1 上的压降很小，有 $V_+ < V_-$，电压比较器输出低电平，而过载时电流会大幅度增加，有 $V_+ > V_-$，输出变为高电平，这一变化就是为过载保护电路提供的过载保护动作信号(关于过载保护电路可参看第 2 章 2.6 节项目 6 中的内容)。

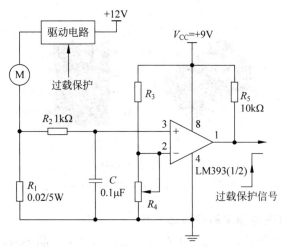

图 1-5-4　电动机过载保护电路中的电压比较器

2. 温度自动控制设备中的窗口比较器

空调是一种典型的温度控制设备，夏天可制冷，冬天可制热。它是利用温度传感器检测出室内的实际温度并转换为相应的电信号，与给定温度(电压)值进行比较，比较后的结果通过执行机构对制冷或制热装置进行控制，以使温度维持在某一个范围内，电路如图 1-5-5(a)所示。窗口比较器就是用两个电压比较器组成的双限比较器，LM358-A 用于上限温度比较，上限的给定温度电压为 V_a；LM358-B 用于下限温度比较，下限给定温度电压为 V_b。

PTC 为热敏电阻,它具有正温度系数(NTC 为负温度系数热敏电阻),即温度升高时阻值变大,反之阻值减小。若温度变化时,V_i 也就随其变化。当温度上升使 V_i 超过上限给定 V_a 时,A 的输出 V_{o1} 由低电平变高电平,此信号可以启动制冷系统开始工作;当温度下降使 V_i 低于下限给定 V_b 时,B 的输出 V_{o2} 由低电平变为高电平,该信号可以停止制冷系统工作。这里 V_b 和 V_a 称为窗口电压,电路中的温度控制范围可以通过调节 R_1 和 R_3 的阻值来确定。双运放 LM358 外形如图 1-5-5(b)所示。

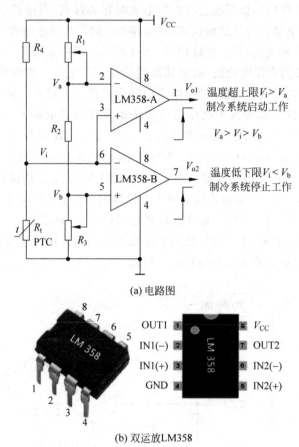

(a) 电路图

(b) 双运放 LM358

图 1-5-5   用于温度控制的窗口比较器

3. 三极管 β 值分选电路中的窗口比较器

当某一型号的三极管被确定将要用在批量生产的电子产品中时,为了保证产品性能的一致性,要求三极管的电流放大系数 β 应控制在某一范围内。一般来说 β 值过低说明放大能力不够,过大又存在不稳定因素,所以要根据需要设定 β 值的范围,但不同批次的三极管其参数存在着离散性,所以在安装之前都要对三极管进行筛选。用数字万用表虽然可以测出三极管的 β 值,但在批量测试时万用表不如专用测试电路方便,为了提高筛选的效率可采用如图 1-5-6 电路。它是利用两个电压比较器组成的电流放大系数 β 值分选电路。窗口比较器通过上门限值 V_a 和下门限值 V_b 的设定,对所要求 β 值的范围起到把关的作用。如果要求 β 值在 $150 \leqslant \beta \leqslant 250$ 范围内为合格,当被测试的三极管 β 值在这个范围内时,LED 点亮,说明合格可以使用;而在这个范围以外的三极管,LED 不亮,可以筛选掉。每测试一个三极管大约需要 3s。这里的窗口比较器在使用上和上一个例子稍有不同,即两个比较器的输出端是连接在一起的,共用一个上拉电阻,这是一种"或门"接法(因为 LM393 是 OC 门输出,可以这样使用,否则需要用二极管隔离)。

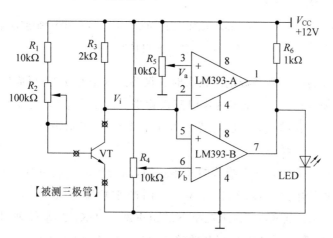

图 1-5-6　三极管 β 值分选电路中的窗口比较器

使用时先用数字万用表挑选一个 β 值符合要求的三极管,然后将这个三极管插入电路中 VT 的位置上,先调节 R_2,使 VT 在放大状态,其集电极电位大约为 $\frac{1}{2}V_{CC}$,然后分别调节 R_5 和 R_4 来确定 V_a 和 V_b,具体方法是在 LED 点亮时,调节 R_5 至 LED 熄灭,这时 V_a 已调好;然后让 LED 再次点亮,调节 R_4 至 LED 再次熄灭,此时 V_b 也已经调好。

1.6　开关电路

1.6.1　开关电路概述

凡是能够通断电路的器件都可以称为开关,开关分为有触点开关和无触点开关。前者是机械式,后者是电子式。电子开关具有寿命长、开关速度快、无噪声等优点。二极管和三极管是最简单的电子开关,它们是利用其工作状态来控制电路的通断的。由电子开关元件组成的电路通常称为开关电路。

1.6.2　电子开关元件类型及选择

二极管的开关特性是基于 PN 结的单向导电性,正向导通相当于开关闭合,反向截止相当于开关断开。在电路中二极管的工作状态取决于偏置电压的极性,当偏置电压极性发生变化时,其工作状态就随之发生变化,即正向导通、反向截止。开关二极管的特点就是开关速度快,为了提高开关速度,要求 PN 结的面积要小以减小电容效应,所以开关二极管的体积都比较小,如 1N4148、LL4148 等,如图 1-6-1 所示。

三极管的开关特性基于截止和饱和这两种工作状态,通过对基极电流的控制可以使其

1N4148(玻璃封装DO35)　　LL4148(玻璃封装SOD80)　　MMBD4148(塑料封装SOT-23)

图 1-6-1　4148 系列开关二极管

在这两种状态之间转换。当基极电流较大时三极管进入饱和状态,形成较大的集电极电流,此时相当于开关闭合;当基极电流为零时三极管进入截止状态,集电极电流接近零,此时相当于开关断开。三极管的开关速度与其频率特性有关,它表示每秒钟可通断的次数。在选用时不可超过它的最高频率。

　　开关三极管的外形与普通三极管的外形相同,因功率的不同可分为小功率开关三极管(图 1-6-2)和大功率开关三极管(图 1-6-3)。国产小功率开关管有 3AK1-5、3AK11-15、3AK19-20、3AK20-22、3CK1-4、3CK7、3CK8、3DK2-4、3DK7-9 等系列,国外产品有 8050(NPN)、8550(PNP)等。国产大功率开关管有 3AK51-56、3AK61-66、3CK37、3CK104-106、3CK108-109、3DK10-12、3DK35、3DK32、3DK36-37 等系列,国外产品有 2SD1556、2SD1887、2SD1455、2SD1553、2SD1497、2SD1433、2SD1431、2SD1403、2SC3320 等。

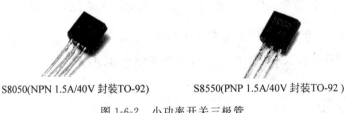

S8050(NPN 1.5A/40V 封装TO-92)　　S8550(PNP 1.5A/40V 封装TO-92)

图 1-6-2　小功率开关三极管

2SD1556(NPN 6A/1500V 封装TO-3P)　　2SC3320(NPN 15A/500V 封装TO-3P)

图 1-6-3　大功率开关三极管

　　另外,还有一种高速集成电子开关器件,型号为 TWH8778,如图 1-6-4 所示。它是一个具有五个引脚的开关,有输入端(1 脚)、输出端(2、3 脚,内部已连接)和控制端(5 脚)。使用方便,只要在其控制端施加 1.6~6V 的电压,开关就闭合导通,常用于各种自动控制电路中。TWH8778 主要特点:①输出电流大,24V 时为 1A;②电源输入级设有完善的自动过压保护电路;③有输出限流电路,能将输出负载电流自动限制在 1A 左右;④开关压降小,约 0.5V/1A,电路的控制端可直接与 TTL、CMOS 电路连接;⑤自动恢复的热保护功能;⑥静态功耗很小,负载切断时仅 $50\mu A$;⑦有效工作频率达 15kHz。

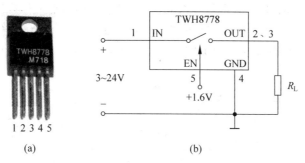

图 1-6-4 TWH8778 引脚图及接线图

1.6.3 开关电路应用实践

开关器件组成的电路称为开关电路,既然是"开关",工作时就要满足导通和截止的条件。二极管作为开关时要注意极性的正确连接,三极管作为开关时要注意导通条件和截止条件。

1. 二极管的开关隔离作用

二极管的开关作用常体现在隔离作用方面。图 1-6-5 是一个能产生"嘀、嘀、嘀"提示音的电路。电路采用四个 CMOS 反相器组成两个多谐振荡器,其中 N3、N4 组成音频多谐振荡器,N1、N2 组成低频多谐振荡器。而之所以要用低频振荡器控制音频振荡器的目的是要求产生"嘀、嘀、嘀"这种音效。如果音频振荡器独立工作不受低频振荡器控制,它产生的声音是连续的"嘀……",这不适合做提示音。从两个振荡器输出的波形看,当 a 点为高电平时,音频振荡电路起振工作,使扬声器发出"嘀"的声音;当 a 点为低电平时,音频振荡电路停振,扬声器无声音输出。用低频振荡电路控制音频振荡电路会使其产生间歇振荡,这样就可产生"嘀、嘀、嘀"的音效。那为什么要在两个振荡器之间接一个二极管呢?这就需要简单了解一下这种振荡器的工作原理。音频振荡器在工作时,它的输入端 b 点的电位是在 $\frac{1}{2}V_{DD}$ 上下变化,如果 $V_b=0$ 或 $V_b=V_{DD}$,电路就要停止振荡,所以不能将低频振荡的输出端 a 点直接接在 b 点上。串一个二极管后就可解决这个问题,此时当 a 点为高电平时,二极

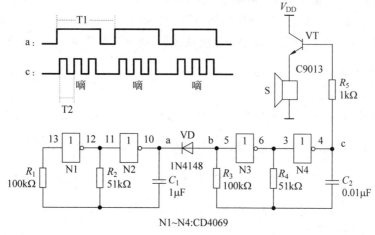

图 1-6-5 二极管的开关及隔离作用

管处于反向偏置被关断,b 点电位不受影响,音频振荡电路正常工作;而当 a 点为低电平时,二极管正向导通后将 b 点拉到 0V,音频振荡电路停振。在此,二极管作为电子开关是根据 a 点电位的变化来改变自身的"开/关"状态,从而对两个单元电路起到了需要时接通、不需要时隔离的作用。

　　CD4069 外形及引脚图如图 1-6-6 所示。

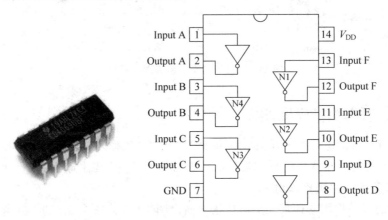

图 1-6-6　六反相器 CD4069 外形及引脚图

2. 三极管的开关应用

三极管作为开关常被用来控制发光二极管或小型直流电动机。

1) 三极管控制发光二极管

　　发光二极管(LED)是一种点状发光器件,在电子设备中常用来显示当前的工作状态(工作电流在十几个毫安左右),如用红色 LED 表示设备处于断电停止工作状态;用绿色 LED 表示设备处于工作状态。用三极管控制发光二极管电路如图 1-6-7 所示。发光二极管和普通二极管一样只有在加正向电压时才导通,使用时用三极管输入端的开关信号进行控制,对于 NPN 管来说,输入高电平时三极管导通,LED 被点亮,输入低电平时三极管截止,LED 熄灭。三极管的工作状态就是在截止和饱和之间转换。在输入信号高电平数值一定的情况下,三极管能否饱和与电阻 R_1 的取值有关,R_1 取值过大,三极管达不到饱和状态,但取值过小又会使基极电流过大造成三极管过热损坏。电阻 R_1 的计算方法是:先确定三极管集电极饱和电流 I_{CS}。在这里集电极饱和电流就是 LED 的正向发光电流,该电流可以有一个范围,其大小与发光亮度有关,一般在 10mA 左右。然后按式 $I_{BS} = \dfrac{I_{CS}}{\beta}$ 计算出基极饱和电流 I_{BS},最后按式 $R_1 = \dfrac{V_i - V_{BE}}{I_{BS}}$ 计算出 R_1 所需数值。R_2 是 LED 的限流电阻,其大小可以控制 LED 的亮度,R_2 取值过小时虽然 LED 会很亮,但容易过早老化或损坏。R_2 的取值可按式 $R_2 = \dfrac{V_{CC} - V_{CES} - V_D}{I_D}$ 计算,其中 V_D 为 LED 的管压降,一般为 2V 左右;I_D 为 LED 的正向发光电流;V_{CES} 为三极管饱和压降,一般取 0.3V。

　　2) 三极管控制直流电动机正反转

　　轿车门窗玻璃的升降是用小型直流电动机作为动力,电动机正转时,玻璃做上升运动;

反转时,玻璃做下降运动。用三极管控制直流电动机正反转电路如图 1-6-8 所示。直流电动机工作电源为 12V,通过四个开关三极管对电动机电流方向进行切换,从而可以实现电动机转向控制。若当 VT2 和 VT3 导通时电动机为正转,则 VT1 和 VT4 导通时电动机就变为反转。两组三极管的工作状态用开关 SW 控制,当 SW 搬向左侧时,VT3 饱和后使 VT2 也饱和,两个三极管导通后电动机正转;当 SW 搬向右侧时,VT4 和 VT1 饱和导通,电动机反转。

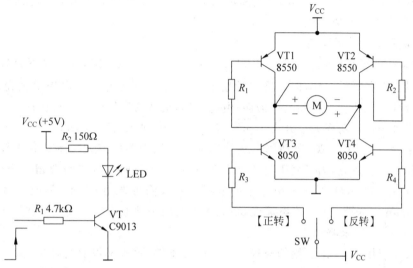

图 1-6-7 用三极管控制发光二极管电路   图 1-6-8 用三极管控制直流电动机正反转电路

1.7 驱动电路

1.7.1 驱动电路概述

在电子系统运行的信号中大多都比较微弱,一般不能直接推动负载工作,如 CMOS 型 555 电路(HA7555)最大输出电流仅几个毫安,无力点亮一只发光二极管;TTL 型逻辑电路工作电压不允许超过 5V,而实际负载的工作电流都比较大,工作电压也各有不同。如家用电烤箱额定电流一般都在 5A 以上,而且使用工频电,用电子定时器为其定时控制只能给出一个小小的直流电平信号,这样就需要在控制电路和负载之间搭建一个能够让负载按着控制信号的意图开展工作的一种电路,这种电路通常被称为驱动电路,驱动电路也可以理解为能对小信号做出响应的大功率输出电路。而在有些情况下驱动电路还要借助执行器如继电器来完成对电机或电热类负载的控制,如图 1-7-1 所示。

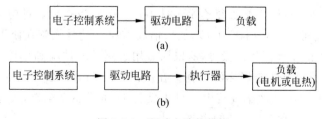

图 1-7-1 驱动电路的作用

1.7.2　驱动电路类型及选用

驱动电路基本特点是以大电流、大电压输出,除此之外,有的还要根据负载的特点满足其他方面的要求,每一个驱动电路都要根据具体负载来进行设计,因此驱动电路可按所使用器件和电路结构的不同有多种形态。按所使用的器件来分,有三极管、达林顿管、场效应管等;按电路结构分,有 LED 数码管驱动电路、LED 显示屏阵列驱动电路、LED 照明驱动电路、继电器及电磁阀驱动电路等。

1. 功率三极管驱动电路

NPN 三极管驱动电路如图 1-7-2 所示,R_L 是等效负载电阻,当三极管充分饱和时可以为其提供工作所需的电流,但三极管的集电极电流 I_c 不能超过集电极最大允许电流 I_{cM},否则三极管的性能会下降甚至被损坏,由此可知,负载的工作电流就是选择三极管的主要依据。三极管按输出功率大小分为小功率(I_{cM} 在 100mA 以下)、中功率($I_{cM}=500mA\sim2A$)和大功率($I_{cM}>2A$)三类,驱动用三极管通常要选用中功率或大功率高频三极管。功率三极管工作时都会发热,为了使用上的可靠性,选择三极管时电气参数要留有充分的裕量,如工作电流在 100mA 上下的小型直流继电器电磁线圈可选用 C9013 型或 C9012 型三极管($I_{cM}=500mA$)来驱动;工作电流在 500mA 左右的小型电磁吸盘线圈可选用 S8050 型的三极管($I_{cM}=1.5A$)来驱动。

在实际应用中,如果所用的三极管驱动能力不够,手头又没有合适的、大一些的功率三极管,可以用同型号的另一只三极管组成复合管,如图 1-7-3(a)所示,可使集电极电流增大为 $I_c=\beta_1\beta_2 I_{b1}$。对于交流负载也可用两个三极管(NPN、PNP)组成互补推挽式功率输出级,如图 1-7-3(b)所示,其输出电流最大值可达 $I_{oM}=I_{cM}$。

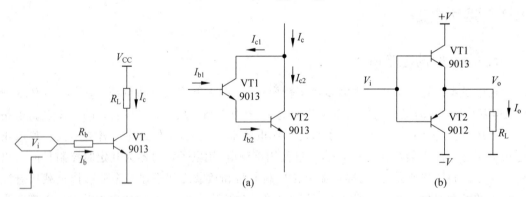

图 1-7-2　NPN 三极管驱动电路　　　　　图 1-7-3　用两个三极管组成的驱动电路

2. 达林顿管驱动电路

达林顿晶体管是一种集成式复合管,图 1-7-4 所示为 NPN 型功率达林顿晶体管TIP122,集电极电流可达 5A、耐压 100V,放大倍数 1000。达林顿管在使用上要特别注意极性的识别,因为其内部设有保护二极管,所以用万用表测试的情况和单体三极管有所不同,不能以此来作为判断管子性能好坏的依据。在应用方面,TIP122(NPN)还可以和 TIP127(PNP)配对使用,可构成大功率直流电动机正反转 H 桥式驱动电路(类似图 1-6-8 电路)。表 1-7-1 给出了 TIP122 和 TIP127 的主要参数。

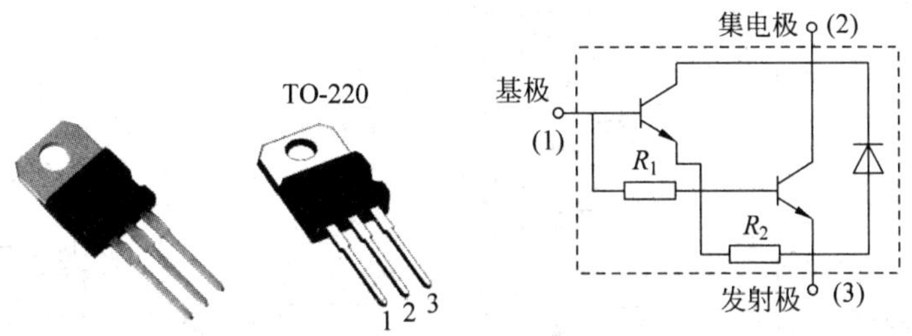

图 1-7-4 NPN 型功率达林顿晶体管 TIP122

表 1-7-1 **TIP12X 系列达林顿管主要参数**

符号	参数	极性		数值			单位
		NPN	TIP120	TIP121	TIP122		
		PNP	TIP125	TIP126	TIP127		
V_{CBO}	集电极-基极电压($I_e=0$)		60	80	100		V
V_{CEO}	集电极-发射极电压($I_b=0$)		60	80	100		V
V_{EBO}	发射极-基极电压($I_c=0$)			5			V
I_C	集电极电流			5			A
I_{CM}	集电极峰值电流			8			A
I_B	基极电流			0.1			A
P_{tot}	耗散功率	$T_{case} \leqslant 25℃$		65			W
		$T_{amb} \leqslant 25℃$		2			W
T_{stg}	贮藏温度			$-60 \sim 150$			℃
T_j	最高工作结温			150			℃
h_{FE}	放大倍数			1000			

当一个系统需要使用多个达林顿晶体管时,为了节省空间也便于 PCB 印制电路板的设计,可采用如图 1-7-5 所示的 NPN 型 7 路达林顿晶体管阵列集成电路 MC1413(或 ULN2003),它内部集中了 7 组复合管,且每组复合管都配有续流二极管和输入、输出回路保护二极管。图 1-7-6 为 MC1413 用其中的一组复合管驱动继电器线圈接线图。当输入端 1 脚为高电平时,输出端 16 脚输出低电平,继电器线圈两端通电,触点闭合;当 1 脚为低电平时,16 脚输出端呈高阻状态,继电器线圈两端断电,触点断开。由于 MC1413 每个输入端都设有分压电阻,故可以与 TTL 和 CMOS 直接相连。MC1413 每组复合管的电流容量为 500mA,输出电压最高为 50V。MC1413 的 7 组复合管还可以并联使用,这样可以扩大输出电流,但要注意的是,无论 7 组复合管是单独使用还是并联使用,输出电流不能同时都达到极限值,以防止过热损坏。

3. MOS 管驱动电路

MOS 管的英文全称叫 MOSFET(Metal Oxide Semiconductor Field Effect Transistor),即金属氧化物半导体型场效应管,属于场效应管中的绝缘栅型。MOS 管的出现要比三极管晚十几年(三极管出现于 1949 年,1956 年发明者获诺贝尔奖;MOS 管出现于 1960 年),但在近代随着 MOSFET 技术的发展,在大电流、高耐压场合,已经替代了大功率双极性三极管(但在中功率、较低电压的场合,双极性三极管还有一定成本优势,所以仍在大量使用),其主

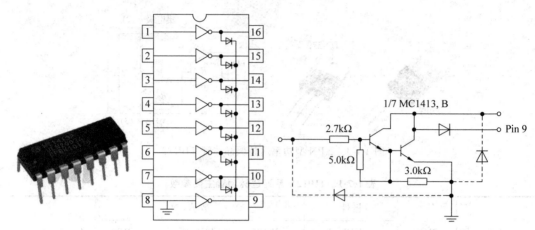

图 1-7-5　NPN 型 7 路达林顿晶体管阵列集成电路 MC1413 引脚图及内部电路结构

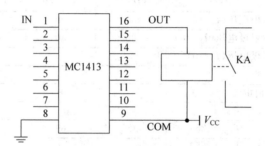

图 1-7-6　MC1413 中的一组复合管驱动继电器线圈接线图

要原因就是大功率双极性三极管的耗能大,不符合节能发展方向。MOS 管功率器件的进步,等于减少能源损耗,对人类的长远发展有着极为重要的意义。

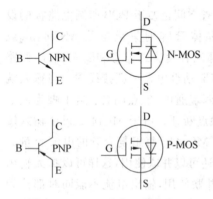

图 1-7-7　MOS 管与三极管类比

MOS 管和三极管有类似的方面,N-MOS 管类似于 NPN 型三极管,P-MOS 管类似于 PNP 型三极管;MOS 管的栅极 G、漏极 D 和源极 S 分别相当于三极管的基极 B、集电极 C 和发射极 E,如图 1-7-7 所示。但两者在控制方式上是不同的,三极管是电流控制器件,当基极电流足够大时三极管即可导通;而 MOS 管是电压控制器件,当栅-源极电压 V_{GS}(也称门极电压)足够大时,MOS 管才可导通。

MOS 管驱动电路如图 1-7-8 所示。

N-MOS 管:DR 为高电平时导通(V_{GS} 为正值)

P-MOS 管:DR 为低电平时导通(V_{GS} 为负值)

一般对于 N-MOS 管,V_{GS} 大约等于 10V 时管子就可完全导通了;对于 P-MOS 管,V_{GS} 大约等于 $-10V$ 时管子也可以进入完全导通状态。

如果在使用中 MOS 管的输入电压不够大,可以增加一级三极管用来提升输入电压,如图 1-7-9 所示。

由于 MOS 管内部结构的关系,在 D-S 两极间形成了寄生二极管(也称体二极管),这种寄生二极管可以起到防止电源电压过高使 MOS 管被击穿的保护作用。

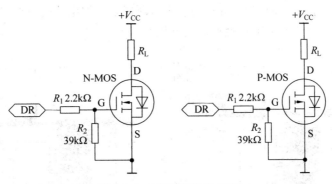

图 1-7-8 MOS 管驱动电路

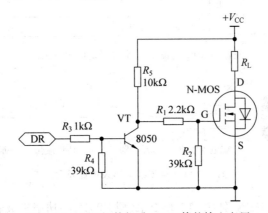

图 1-7-9 用三极管提升 MOS 管的输入电压

1.7.3 驱动电路应用实践

在工业生产控制和自动化领域以及家电产品中究竟使用了哪些驱动电路,这个很难统计,但可以按负载性质的不同大致分为以下几类:电磁线圈驱动,如继电器、电磁铁、电磁阀等;电机驱动,如直流电动机、步进电动机等;LED 显示及照明驱动,如大尺寸 LED 显示屏和 LED 照明灯等。驱动电路的工作必须满足负载的要求,要了解驱动电路的组成及原理,首先要了解负载的主要参数和特性。驱动电路的共同特点是以大功率输出推动负载工作,因此在元器件参数的选择上要留有充分的余量,以确保安全可靠。驱动电路和开关电路在某些方面有些类似,但驱动电路更突出大电流的推动作用,开关电路则注重通断的速度和隔离作用。

1. 三极管驱动直流继电器

继电器是一种电子控制器件,通常用于自动控制电路中,它实际上是用较小的电流去控制较大电流的一种"电动开关",可在电路中起自动调节、安全保护等作用。直流继电器是由电磁线圈、触点、铁心和衔铁等部分组成,图 1-7-10 为直流继电器内部结构示意图。当线圈通电并达到其"吸合电流"时,衔铁即被吸合并带动触点动作。当线圈电流减小到"释放电流"以下或断电时,在拉力弹簧的作用下使衔铁和触点复位。继电器的触点分为动合触点

（也称常开触点）、动断触点（也称常闭触点）和先断后合触点，如图 1-7-11 所示。继电器有
多种型号规格，它们在触点的类型、容量和数量有所区别。继电器的主要参数有：电磁线圈
的额定电压及电流（或线圈电阻）、触点切换电压及电流。

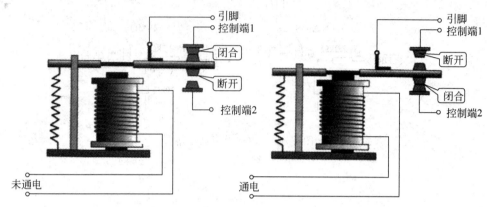

图 1-7-10　直流继电器内部结构示意图

图 1-7-11　直流继电器及电路符号

　　图 1-7-12 是分别用 NPN 型 C9013 和 PNP 型 C9012 小功率三极管（集电极最大允许电
流 I_{CM} 均为 500mA）组成的小型直流继电器驱动电路，两者必须满足电磁线圈工作电压及
电流的要求，即驱动电路的工作电压（V_{CC}）应等于或接近继电器线圈额定电压，三极管的集
电极饱和电流（I_{CS}）应等于或接近继电器线圈的额定电流。对于 NPN 型三极管，当输入信
号为低电平时，三极管截止，继电器不动作；输入高电平时，三极管饱和，线圈得电，动合触
点闭合，动断触点断开；而对于 PNP 型三极管，当输入高电平时，三极管为截止，继电器不
动作；输入低电平时，三极管饱和，线圈得电，动合触点闭合，动断触点断开。

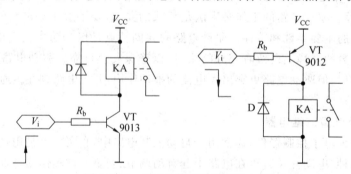

图 1-7-12　用三极管驱动直流继电器

　　小型直流继电器线圈的额定电流一般在 100mA 以内，而对于含有直流电磁线圈的其
他执行电器，如图 1-7-13 所示的电磁铁、电磁阀及电磁吸盘，它们的工作电流都比较大，因

此驱动电路要考虑选用中功率三极管。

(a) 吸入式牵引电磁铁　　　　　(b) 电磁阀　　　　　(c) 电磁吸盘

图 1-7-13　几种含有直流电磁线圈的执行电器

2. 步进电动机驱动电路

数控机床自动进给系统一般采用步进电动机作为伺服装置。要使步进电动机旋转，必须有步进电动机驱动电路给出电信号。步进电动机驱动电路一般由脉冲分配器和功率放大器两部分组成，它接受数控装置送来的一定频率和数量的脉冲，经分配器和放大后驱动步进电动机旋转。脉冲分配器输出的脉冲功率很小，经过功率放大输出脉冲电流可达到 $1\sim 10A$，才能驱动步进电动机旋转。

图 1-7-14 是用四只达林顿管组成的单向运转的二相步进电动机驱动电路。每两只达林顿管驱动步进电动机的一相绕组。电路由单片机控制给出相应的脉冲经四个光耦（$U_1 U_2 U_3 U_4$）分别控制四只达林顿管（$Q_1 Q_2 Q_3 Q_4$），Q_1 和 Q_3 驱动 A 相绕组，Q_2 和 Q_4 驱动 B 相绕组。

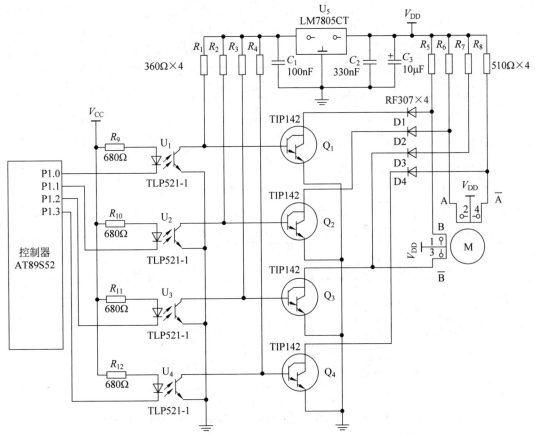

图 1-7-14　用达林顿管组成的单向运转的二相步进电动机驱动电路

步进电动机及驱动装置如图 1-7-15 所示,二相步进电动机结构示意图如图 1-7-16 所示。

图 1-7-15 步进电动机及驱动装置

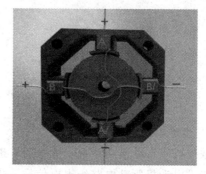

图 1-7-16 二相步进电动机结构示意图

图 1-7-17 是用八只 MOS 管(四只 N-MOS,四只 P-MOS)组成的可双向运转的二相步进电动机驱动电路。对于 A 相绕组来说,如果当 M_1 和 M_4 导通时电动机转子顺时针旋转,

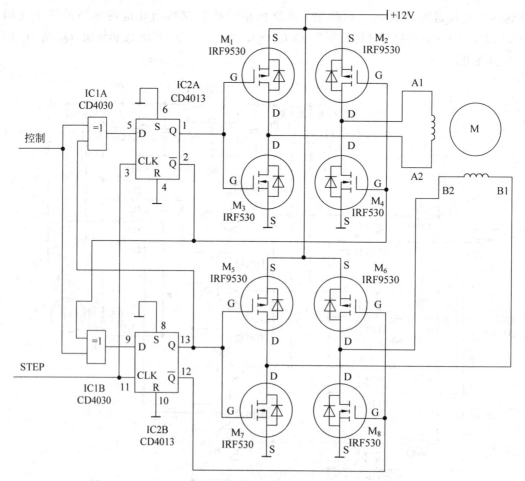

图 1-7-17 用 MOS 管组成的可双向运转的二相步进电动机驱动电路

则当 M_2 和 M_3 导通时转子就变成逆时针旋转。对于 B 相绕组也类似。由图可以看出，M_1、M_2 的栅极受 D 触发器 IC1A 的 Q 端控制，M_2、M_4 的栅极受 IC2A 的 $\overline{Q}$ 端控制，当 Q＝1，$\overline{Q}$＝0 时，M_3 和 M_2 导通，M_1 和 M_4 截止；而当 Q＝0，$\overline{Q}$＝1 时，M_1 和 M_4 导通，M_3 和 M_2 截止。控制 B 相绕组的 M_5、M_6、M_7、M_8 受另一个 D 触发器 IC2B 的控制，工作状态与 A 相绕组类似。两个 D 触发器 IC1A、IC1B 受数控装置控制。IRF9530 和 IRF530 引脚如图 1-7 18 所示。

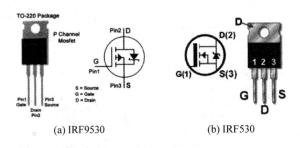

(a) IRF9530   (b) IRF530

图 1-7-18　绝缘栅功率场效应管 IRF9530、IRF530 引脚图

3. LED 照明驱动电路

在驱动电路这个群体中，LED 照明驱动电路可算是个后来者，但这个后来者的使用量正在以惊人的速度直线上升，其原因是 LED 照明的优势远超出爱迪生发明的白炽灯和其他光源，被称为世界照明史上的第二次革命，也正因为如此，曾为实现 LED 照明而研制出蓝光 LED 的三位科学家共同获得了 2014 年诺贝尔物理学奖。蓝光 LED 的发明使人类凑齐了能发出三原色(红、绿、蓝)光的 LED，得以用 LED 发出足够亮的白光。LED 光源使用寿命长、节能省电、热量低、无频闪无辐射，废弃物可回收，没有污染，冷光源可以安全触摸，属于典型的绿色照明光源，而且应用简单方便、使用成本低，因而在家庭照明和公共场合照明都将得到海量的应用。然而，LED 照明的这些优势如果没有性能良好的驱动电路的支持，也不能得到充分的发挥。

照明用 LED 光源的工作电压一般情况下为 $2.75\sim3.8\text{V}$，工作电流一般为 $15\sim1400\text{mA}$。LED 灯具使用的 LED 光源有小功率($15\sim20\text{mA}$)和大功率(大于 200mA)两种。小功率 LED 多用于日光灯、装饰灯，大功率 LED 被用来做家庭照明灯、路灯、汽车工作灯等。LED 光源的发光强度由流过的电流大小决定。电流过大会引起 LED 光衰减，电流过小会影响 LED 的发光强度。因此，LED 的驱动需要提供恒流电源，以保证 LED 使用的安全性，同时达到理想的发光强度。目前，市面上已经出现了多种型号的 LED 驱动 IC 芯片，如美国的 MAX168XX 和 TI-LM340X 系列、英国的 ZXLD1350、日本的 MP4021A、中国的 AMC7150 及 MT7930 等。其中 MT7930 采用交流($85\sim125\text{V}$)输入，具有 50W 的输出驱动能力，其内部还设有过流、过压、短路及过热等多种保护措施，以确保系统可靠地工作。图 1-7-19 是用 LED 驱动芯片 MT7930 制作的 LED 光源电路。其中 MT7930 外形及引脚如图 1-7-20 所示。

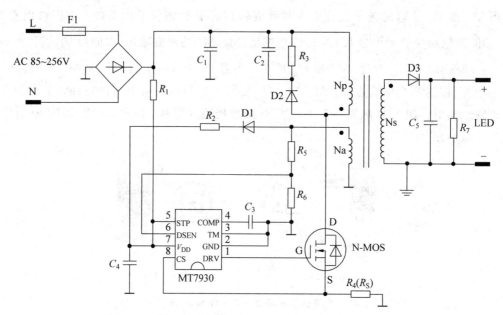

图 1-7-19　用 LED 驱动芯片 MT7930 制作的 LED 光源电路

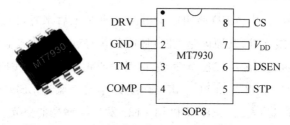

图 1-7-20　LED 驱动芯片 MT7930 外形及引脚图

1.8　记忆电路

1.8.1　记忆电路概述

　　现在的许多电子产品都需要通过轻触按键或薄膜开关来进行操控,这两类按键开关有一个共同的特点,即材料轻薄、结构紧凑,特别适用于小型电子产品或数控设备的操作面板来使用。它们都属于非自锁开关,即在手指压力作用下触点被接通,手指离开时弹性材料自动复位触点断开,这也就是说对于输入的信号没有保持作用。但在实际应用中很多情况下都需要对输入信号记忆保持,以维持电路所需要的工作状态,如手机的开机或关机状态。因此非自锁按键开关需要记忆电路的支持才可以完成控制作用。触发器是一种具有记忆能力、构成时序逻辑的基本单元电路。一个触发器能"存储"一位二进制数字信息:0 或 1,这是两种稳定状态,可以为非自锁开关实现记忆。

1.8.2　记忆电路类型及选用

　　常用的触发器有 D 触发器和 JK 触发器,如表 1-8-1 所示。部分触发器的外形与引脚如图 1-8-1~图 1-8-5 所示。

表 1-8-1 常用触发器类型（部分）

类 型	D 触发器	JK 触发器
CMOS 型	CD4013 双 D 触发器	HCF4027 双 JK 触发器
	CD4042 四 D 锁存器	
	CD40175 四 D 触发器	
TTL 型	74LS74 双 D 触发器	74LS78 双 JK 触发器
	74LS75 四 D 锁存器	74LS107 双 JK 触发器
	74LS175 四 D 触发器	74LS112 双 JK 触发器

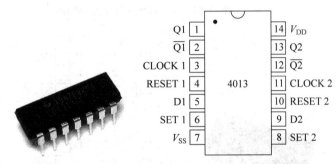

图 1-8-1 双 D 触发器 CD4013 外形及引脚图

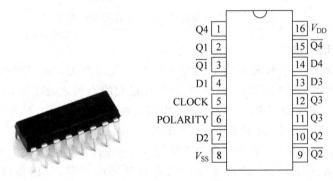

图 1-8-2 四 D 锁存器 CD4042 外形及引脚图

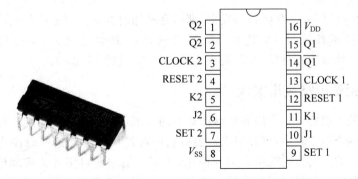

图 1-8-3 双 JK 触发器 HCF4027 外形及引脚图

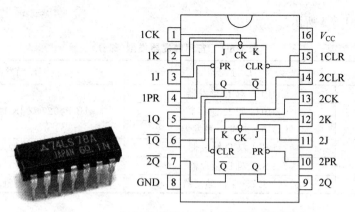

图 1-8-4　双 JK 触发器 74LS78 外形及引脚图

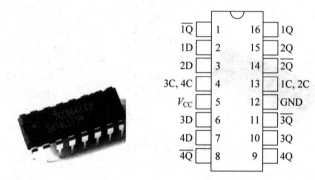

图 1-8-5　四 D 锁存器 74LS75 外形及引脚图

1. 触发器功能比较

触发器芯片的内部一般是集成了两个或四个触发器单元,如 CD4013 是双 D 触发器 (14 个引脚),CD4042 是四 D 触发器(16 个引脚),它们的不同之处不仅是 D 触发器数量的不同,更主要的是功能上的不同。CD4013 的内部是两个功能完全的 D 触发器,两个触发器的 CP 时钟、复位和置位控制端各自是分开的,可以独立使用,触发方式为边沿触发; CD4042 中四个 D 触发器的 CP 时钟控制端是连在一起的,且触发方式为电平触发,没有外置复位端和置位端,CD4042 一般用于四位二进制数码的锁存,所以称四 D 锁存器(在第 2 章的 2.7 节项目 7 中有应用)。

2. 触发器性能比较

CD4013 和 74LS74 均为双 D 触发器,那么在使用时究竟选择哪一种呢?这要看它所在的电子系统的技术性能要求,如果系统要求输出的驱动电流大,则应选用 TTL 型的 74LS74;如果系统要求器件低功耗,则应选用 CMOS 型的 CD4013。

1.8.3　记忆电路应用实践

如何认识触发器的记忆作用并能够针对不同要求灵活地加以使用呢?触发器的记忆作用体现在它有两个稳定状态,可以根据需要对它进行置 0 或置 1,这些特性使得它在数字系统中得到了广泛的应用。它既可以单独使用,如用于辅助非自锁开关实现记忆;也可以合伙组成不同进制的计数器或寄存器等。在实际使用中一般要考虑两个问题:一是如何设置初始状态;二是如何在运行中使其置 0 或置 1。

1. 触发器初始状态设置

触发器在正常情况下两个输出端的状态总是相反的,即 $\overline{Q}=0$、$Q=1$ 或 $\overline{Q}=1$、$Q=0$。在使用中必须考虑接通电源(上电)时初始状态的设置问题,这可以通过触发器的"直接置1端S"和"直接置0端R"来设定。如果初态要求为 $Q=0$,则需要上电复位;如果初态要求为 $Q=1$,则需要上电置位。图 1-8-6 为 CD4013 中的两个 D 触发器,一个初态设为"0 态",采用了 RC 上电复位的接法来实现;另一个初态设为"1 态",采用 RC 上电置位的接法来实现。在电源接通的瞬间可以产生如图 1-8-7 所示的脉冲,作为复位或置位信号。对于 CMOS 电路来说,S 端或 R 端不能悬空,所以两个 D 触发器的 6 脚和 10 脚应接地,否则会影响电路输出状态的稳定。

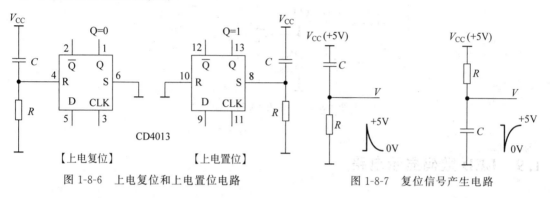

【上电复位】 【上电置位】

图 1-8-6 上电复位和上电置位电路 图 1-8-7 复位信号产生电路

2. 用两个按键实现的置0和置1

如图 1-8-8 所示,电路初态设为 $Q=0$,在接通电源后,三极管处于截止状态,发光二极管不亮。若按下按键 SW2,D 触发器被置1,三极管饱和导通,LED 发光。若再按下按键 SW1,D 触发器又被置0,LED 熄灭。这个电路可实现用两个开关控制负载的 ON/OFF 两种状态。

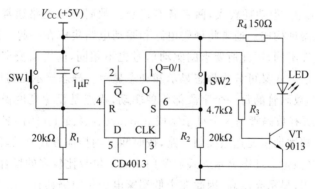

图 1-8-8 用两个按键实现的置 0 和置 1

3. 用一个按键实现的置0和置1

用两个按键开关控制负载的 ON/OFF 多出现在对大型设备的控制上,并带有工作状态指示灯以便于观察,还可以采取紧急停止操作以确保运行安全。而电子产品一般都采用一个按键实现开/关机功能,如手机上的电源开关按键,按一下(有延时)可开机,再按一下可关机,这可以通过触发器的计数功能来实现,即 $Q_{N+1}=\overline{Q_N}=D$。计数就是对 CP 脉冲的个数进行统计,每来一个 CP 脉冲,触发器的输出状态就自动翻转一次,假设触发器输出 0 态使手机关机,那么输出 1 态就可使手机开机。利用触发器的计数功能可以实现一键开/关机,如图 1-8-9 所示,电路在接通电源后先进入"0 态"(上电复位),当按下按键 SW 时输出变为"1 态",再按一下时,输出又变回"0 态"。

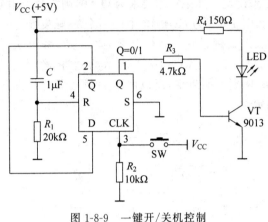

图 1-8-9　一键开/关机控制

1.9　LED 数码显示电路

1.9.1　LED 数码显示电路概述

数码显示是电子产品中常用到的单元电路,如计数器、计时器、计算器、电子秤、数字定时器等都需要将处理后的数据结果或预置的数据通过数码管显示出来。数码显示按器件性质不同可分为液晶(LCD)显示和发光二极管(LED)显示。前者功耗低体积小,但显示不够清晰;后者显示亮度高,但功耗较大,两者各有优势。数码显示电路通常是由译码电路、驱动电路和数码显示器件构成。通常将译码电路和驱动电路集成在一起。由于 LCD 和 LED 物理结构和显示机理不同,因此所要求的驱动信号也不相同,前者需要交流驱动,而后者则需要直流驱动。显示方式又可分为静态显示和动态显示。静态显示是将所有数码管的公共端连接在一起,每位数码管的每一个字段都单独驱动,优点是显示亮度稳定,缺点是布线量大;动态驱动是将所有数码管的 8 个显示字段 a、b、c、d、e、f、g、dp 的同名端连在一起,另外每个数码管的公共端增加位元选通控制电路,按时间分割扫描方式驱动,优点是布线相对较少,缺点是亮度不够稳定。动态显示方式通常用在显示位数比较多的场合。LED 相对 LCD 数码管来说简单易用,显示亮度高,因此在中低端家电产品中仍具有广泛的应用。

1.9.2　LED 数码显示电路类型及选择

LED 数码管按结构分类有七段式(图 1-9-1)和点阵式(图 1-9-2)两类,后者的特点是体积大,并且可以定制。在七段式中又分为直插式和贴片式两类。直插式又可按位数和尺寸分类,按位数有 1 位、2 位、3 位、4 位和多位等(图 1-9-3、图 1-9-4),按字高尺寸有 0.3in、0.32in、0.36in、0.56in、1in、1.5in……4in 等(in 表示英寸,1in=25.4mm)。按七个发光二极管公共端的接法又有共阳极和共阴极两种类型(图 1-9-5、图 1-9-6)。

(a) 直插式　　(b) 贴片式

图 1-9-1　七段式 LED

图 1-9-2　点阵式 LED

图 1-9-3　3 位 LED

图 1-9-4　4 位 LED

 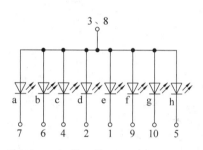

图 1-9-5　共阳极 LED 数码管

 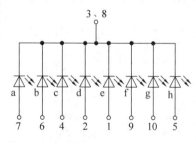

图 1-9-6　共阴极 LED 数码管

　　在 LED 的选择上除了要考虑位数多少、尺寸大小及共阴或共阳外,还要同时考虑驱动显示方式(静态或动态)及驱动芯片输出的极性、驱动能力等因素,这些都与数码管选型有关。部分 LED 数码管接线如图 1-9-7～图 1-9-9 所示。

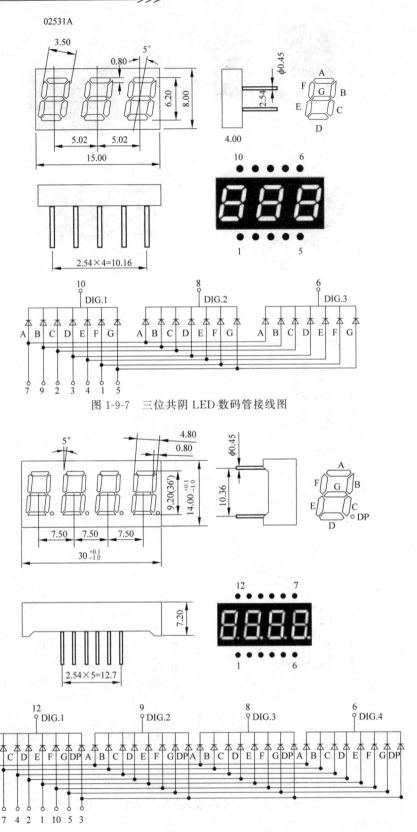

图 1-9-7 三位共阴 LED 数码管接线图

图 1-9-8 四位共阴 LED 数码管接线图

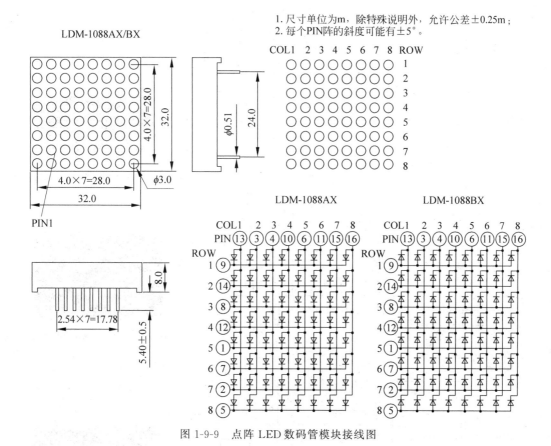

图 1-9-9　点阵 LED 数码管模块接线图

1.9.3　数码显示电路应用实践

在实际应用中,数码显示装置应当如何选择呢?一般来说,一个电子产品在框架设计阶段根据产品的属性需要采用什么样的显示装置就应当确定,例如,产品属于移动使用还是非移动使用;产品安装显示器面板的大小、对显示位数及显示亮度的要求以及是否要求预置显示等。当显示器件类型确定后,其驱动方式也就可以确定了。

下面以三位 LED 数码管为例来讨论静态驱动显示和动态驱动显示的电路结构。

1. 三位 LED 静态驱动显示电路

三位 LED 静态驱动显示电路及部分元器件如图 1-9-10 所示,其中 CD4511 是七段译码电路,输入信号为 8421 码。这里每一个数码显示器要对应一个译码电路,每一个译码电路也要对应一个十进制计数器(或寄存器)为其提供输入信号,所以需要三个译码器和三个计数器(或三个寄存器)。每个译码电路的输出信号通过限流电阻接 LED 数码管,数码管显示的数字与输入信号的 8421 码相对应。由于电路中每一个数码管都对应一个译码电路,数码管中的驱动电流是稳定的,因此显示的亮度高且无闪烁。

2. 三位 LED 动态驱动显示电路

三位 LED 动态驱动显示电路如图 1-9-11 所示,其中 CD14543 也是一个七段译码电路,但是这里的三个 LED 数码管相同的输入端并联在一起,也就是共用一个七段译码电路,那

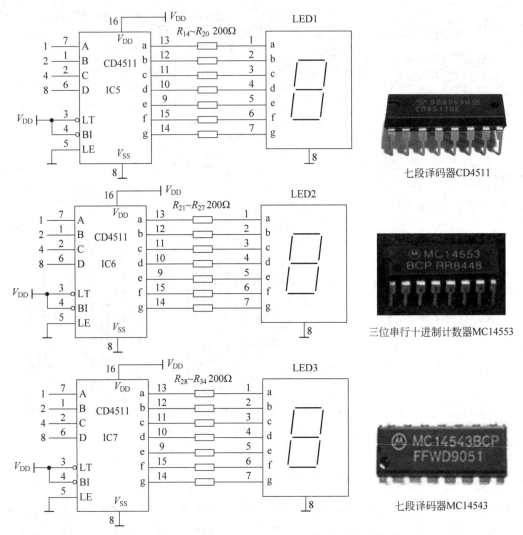

图 1-9-10　三位 LED 静态驱动显示电路及部分元器件

它们如何显示各自的信息呢？问题的关键是用了一个特殊的十进制计数器 CD14553，它的内部实际上是一个三位十进制计数器，共用一个输出端，在计数时它可以分时向三位 LED 数码管输送各自的 8421 码信号和接收控制信号。和静态驱动显示电路相比，它用的集成器件减少了，但这种驱动方式只能用于计数器显示，即要求输入的数码是连续的，而不适于用在有预置输入要求的设备中。

3. 大尺寸 LED 动态驱动显示电路

　　对于大尺寸数码管来说，每个字段需要用多个 LED 才能满足亮度要求，图 1-9-12 是 4in 数码管的结构，a～g 各字段都是由 8 个数码管串、并联而成，这样每个字段的导通电压和驱动电流会大幅度增加。图 1-9-13 是一个六位 LED 数码管大电流动态驱动显示电路。它由单片机控制完成译码、动态扫描等功能。74LS07 是 6 个同相电平转换电路（驱动电流 30mA），在单片机的控制下驱动 N1～N6 PNP 达林顿功率管 TIP127（位选），实现 6 只共阳数码管的字驱动。

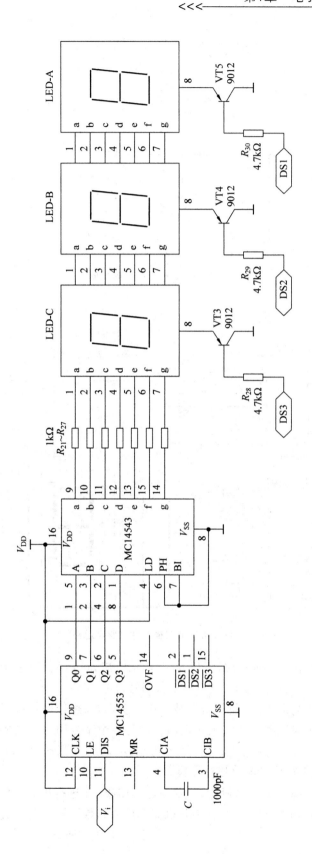

图 1-9-11　三位 LED 动态驱动显示

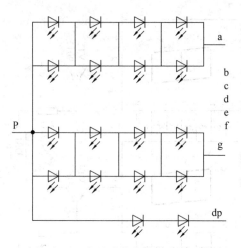

图 1-9-12　大尺寸数码管字段的组成

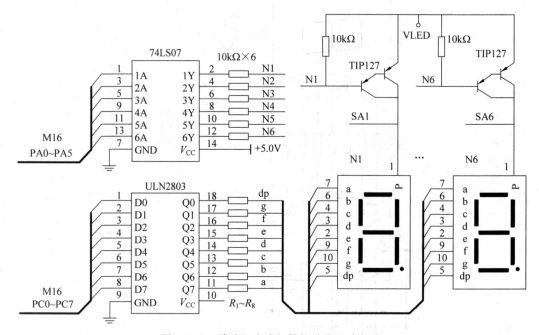

图 1-9-13　单片机完成扫描的动态驱动电路

ULN2803 是 8 位达林顿阵列电路,耐压 50V,驱动电流 500mA。这里用于单片机输出口数码管段驱动的扩充。在任意时刻,只有一个数码管得电。

在图 1-9-13 所示的电路中单片机的资源被占用较多,如果想让单片机减轻负担更好地发挥其他方面的作用,可采用图 1-9-14 所示电路。这是一个用专用芯片完成扫描的动态驱动电路。CH452L 内置时钟振荡电路,具有译码功能,可以动态驱动 1in 以下的 8 位数码管。CH452L 通过 4 线串行接口与单片机交换数据。

CH452L 不能直接驱动 4in 的数码管,必须通过 ULN2803 进行扩充。单片机将显示的数据送给 CH452L 即可,由 CH452L 替代单片机完成译码和数码管动态扫描等任务。

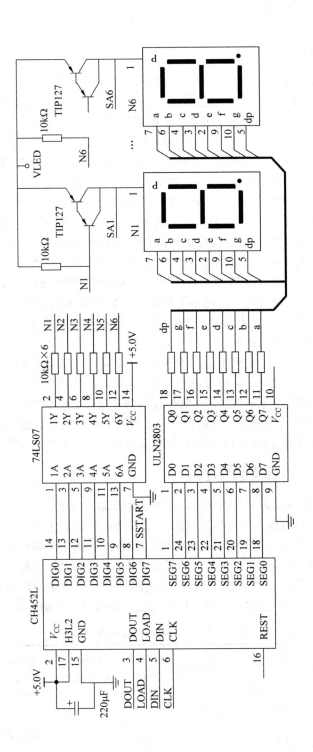

图 1-9-14 用专用芯片完成扫描的动态驱动电路

1.10　编码与译码器电路

1.10.1　编码与译码概述

编码与译码属于信息技术范畴。从编码与译码概念的产生至今已经有将近二百年的历史,对于其应用基本有两个方面:一是信息传输和接收,如用莫尔斯码发报和收报;二是对电子、机电等设备实现某种控制,如轿车用电子遥控器控制门锁。

用莫尔斯码传递信息是基于用不同长短声音("嘀"为短音,用". "或"点"表示,"嗒"为长音,用"—"或"划"表示)的组合分别表示十个阿拉伯数字和 26 个英文字母及符号等。如果一个汉字可以用四位阿拉伯数字来表达,那么用嘀嘀嗒嗒的响声发出四位一组的阿拉伯数字,也就意味着发送了一个汉字信息。用"点"和"划"的组合分别表示不同的符号是一种音素编码,而用四位数字的组合分别表示不同汉字的方法是一种文字编码。前者编码是信息的传送载体,后者编码则是信息本身。接收方根据不同的编码体系进行还原就是译码。

用编码与译码的方式对电子、机电等设备进行控制是近半个世纪的事。随着科技的发展和人民生活水平的不断提高,许多电子产品要求有遥控功能,如电视机遥控器和轿车门锁遥控器给人们带来了使用上的方便。遥控器上有多个按键代表不同的指令,按下其中一个按键,通过其内部的专用电路产生相应的编码信号;接收电路对遥控器发来的编码信号进行译码后便可对设备产生相应的控制。

上述编码和译码的应用一个是用于信息传递,另一个是用于设备控制。莫尔斯电码是利用不同的嘀嗒声音组合来对某一类符号进行编码,再利用这些符号对文字编码后通过人工发报或自动发报的形式发出文字信息;接收方收到后通过译码便可解读出电文信息。而用于设备控制的编码是将数字电路的二进制数 0 和 1 进行不同的组合形成代码群,并对每一组代码赋予一定的意义,接收设备收到后通过译码将其转换为一开关信号或某一执行动作。

1.10.2　编码与译码器类型及选用

在数字电路中能够实现编码和译码的电路被称为编码器和译码器。数字电路中的编码器和译码器通常是一对一的,即一种译码器只能与同系列编码码器配对使用。这是由于对同样一组二进制数编码,其输出波形可以是不同的。如有的编码电路输出信号是采用正逻辑,即高电平表示 1,低电平表示 0,而有的则采用负逻辑;还有的是用宽脉冲表示 0,窄脉冲表示 1,等等。由于用途不同,制造成本不同,集成电路生产厂家会生产出多种性价比不同的编码器和译码器。表 1-10-1 给出了部分生产厂商的产品型号及性能参数。

表 1-10-1　常用编码译码器选型表

公司名称	型　号	功　能	编解码数	电压范围/V	数据输出端	数据输出方式	配对型号
中国台湾华智-茂矽	VD5026	编码	4194304	2～6	—	—	VD5027 VD5028
	VD5027	解码	16384	2～6	4 位	锁存式	VD5026
	VD5028	解码	4194304	2～6	—	锁存式	VD5026
	VD9	可编可解	512	2～5	2 位	锁存式	VD9

续表

公司名称	型 号	功 能	编解码数	电压范围/V	数据输出端	数据输出方式	配对型号
中国台湾合泰(HOLTEK)	HT-12E	编码	4096	2～12	—	—	HT-12F
							HT-12D
	HT-12F	解码	4096	2～12	—	锁存式	HT-12E
	HT-12D	解码	512	2～12	4 位	锁存式	HT-12E
中国台湾联华(UMC)	UM3750A	可编可解	4096	2～11	—	—	UM3750A
	UM3758-108A	可编可解	59049	3～12	8 位	锁存式	--108A
	UM3758-180A	可编可解	387420489	3～12	—	—	--180A
	UM3758-108B	可编可解	59049	3～12	8 位	瞬态式	--108B
中国台湾普诚科技(PTC)	PT2262	编码	177147	3～15	—	—	PT2272
	PT2272	解码	177147	3～15	—	—	PT2262
	PT2272-L4	解码	2187	3～15	4 位	锁存式	PT2262
	PT2272-M4	解码	2187	3～15	4 位	瞬态式	PT2262

下面是对部分型号编码器与译码器进行的性能分析和比较。

1) UM3750A 单片数字编/译码器

它具有数字编码、译码双重功能,通过 12 位 2 态编码地址可实现多地址控制,并可通过有线和无线的方式实现远距离传输。适用于数字寻呼,多路通信等系统中。

(1) 结构特点

UM3750A 采用标准的 18 脚 DIP 双列直插式封装(封装见图 1-10-1,引脚功能见图 1-10-2)。A1～A12(1～12 脚)为 12 个地址端,用于数字编码。TX/RX OUTPUT(17 脚)为输出端,在编码状态时(TX)输出串行数据脉冲;在译码状态时(RX)输出开关信号。RECEIVER INPUT(16 脚)为译码时的串行数据输入端,用于接收编码器的输出信号,编码工作方式时此端可悬空。MODE SELECT(15 脚)为编码/译码工作方式选择端,将此端接高电平时为编码发送工作方式,接低电平时为接收译码工作方式。

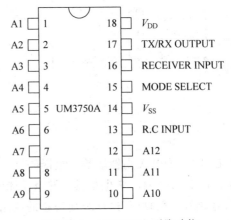

A1	1	18	V_{DD}
A2	2	17	TX/RX OUTPUT
A3	3	16	RECEIVER INPUT
A4	4	15	MODE SELECT
A5	5 UM3750A	14	V_{SS}
A6	6	13	R.C INPUT
A7	7	12	A12
A8	8	11	A11
A9	9	10	A10

图 1-10-1 UM3750A 单片数字编/译码器　　　图 1-10-2 UM3750A 引脚功能

（2）性能特点及主要参数

① 作编码器使用时（15 脚接高电平），通过 A1～A12 地址端可进行 12 位数字编码，接高电平为 1，接低电平为 0，其编码地址可有 $2^{12}=4096$ 种，即可以对 4096 个译码器进行选通。17 脚串行输出由 A1～A12 输入状态所形成的编码脉冲数据流，即 12 个宽窄不同的脉冲，宽脉冲表示数字 0，窄脉冲表示数字 1。

② 作译码器使用时（15 脚接低电平），12 个地址端可进行编码用于选通。当所设地址码与输入端 16 脚接收到的编码信号相同时即被选通，此时输出端 17 脚由高电平变为低电平，这个开关量可以用于某种响应控制。

③ 工作电压范围 $V_{DD}=2\sim11\mathrm{V}$，工作电流 $I_{MAX}=1.2\mathrm{mA}$。输出电平范围：$V_{OH}=V_{DD}-0.5\mathrm{V}$，$V_{OL}=V_{SS}+1\mathrm{V}$。

④ 外接阻容元件 RC 用于决定片内电路的时钟频率（f_{osc}），通常取 $R=100\mathrm{k}\Omega$，$C=180\mathrm{pF}$，此参数编码芯片和译码芯片要保持一致。

UM3750A 编码器和译码器的基本连接如图 1-10-3 所示。

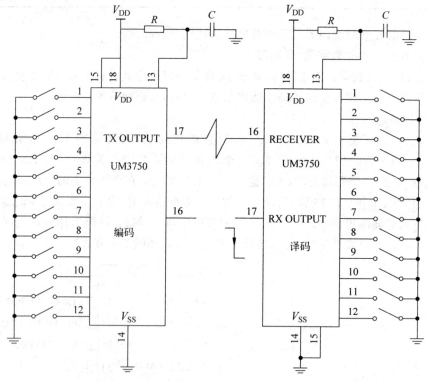

图 1-10-3　UM3750A 编码器和译码器的基本连接图

2）UM3758-108A 高性能数字编译码器

与 UM3750A 一样，它也是具有双重功能的数字编译码器，所不同的是它的编码地址更多，另外还增加了数据码，这样就使得它的应用更为广泛，适用于遥控遥测、数字寻呼、多路通信、集群报警及双工收发等系统。

（1）结构特点

UM3758-108A 采用标准的 24 脚 DIP 双列直插式封装（外形封装见图 1-10-4，引脚功能见图 1-10-5)。A1～A10(1～10 脚)为 10 个三态地址输入端,三态是指 0、1 和悬空三种状态编码,最大寻址能力为 $3^{10} = 59049$。D1～D8(11～18 脚)为 8 位二态数据输入或输出端,在其内部有上拉箝位元件,开路为 1,接地为 0。当编码器对这 8 位数据端输入数据时,它可以随着地址码一同被发送给译码器,在被选通译码器的数据端上会有同样的数据输出,这种功能可方便地实现多址多路控制。OSC(19 脚)为外接振荡电阻

图 1-10-4　UM3758-108A 高性能数字编译码器

和电容可构成系统时钟(f_{osc}),同样,发送与接收芯片的该值也必须相同。其他引脚功能与 UM3750A 类似。

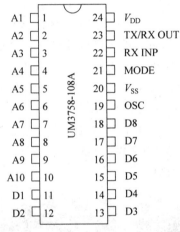

图 1-10-5　UM3758-108A 引脚功能

图 1-10-6　三态编码开关

(2) 性能特点及主要参数

① 作编码器使用时,通过 A1～A10 可使用三态编码开关(图 1-10-6)进行地址编码,同时对 D1～D8 进行二态数据编码,在输出端 TX OUT 随即会出现串行脉冲数据流,地址和数据码是以脉冲占空比来区分的:两个占空比为 1/3 的连续脉冲代表 1,两个占空比为 2/3 的连续脉冲代表 0,一长一短两个连续脉冲代表开路,数据波形如图 1-10-7 所示。

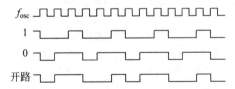

图 1-10-7　UM3758-108A 内部时钟和数据 1、0 及开路的波形图

② 作译码器使用时,如果 A1～A10 三态地址编码与输入端 RX INP 接收到的数据流中的地址码相同,输出端 RX OUT 即由高电平变为低电平,此端可驱动发光二极管以显示译码有效或做其他控制用,同时在数据端 D1～D8 上会出现收到的数据并被锁存,可用来驱动发光二极管、光耦合器、固态继电器、单向晶闸管或双向晶闸管等,也可控制多路转换器、模拟电子开关或经七段显示译码器驱动 LED、LCD 数码管进行数字显示。

③ 工作电压范围 $V_{DD}=3\sim12V$,典型应用电压取 6V 或 9V。工作电流 $I_{MAX}=1.2mA$。接收输入高电平最小值为 4V,低电平最大值为 2V;其他输入电平 $V_{IH}=(V_{DD}-0.5V)\sim V_{DD}$,$V_{IL}=0.5V$;输出电平 $V_{OH}=(V_{DD}-0.5V)\sim V_{DD}$,$V_{OL}=0\sim1V$;数据输出电流为 $\pm10mA$(电平为 $V_{DD}/2$ 时);TX/RX 端输出电流可达 $-40mA$ 或 $+20mA$;芯片工作时钟频率 $f_{osc}=160Hz$(当 $R=100k\Omega$,$C=120pF$)。

3) VD5026/VD5027/VD5028 系列编码器和译码器

这是一组独立的编码和译码集成电路,其中 VD5026 为编码器,VD5027、VD5028 均为译码器。

(1) 结构特点

三种芯片均为标准 18 脚双列直插 DIP 封装(外形封装见图 1-10-8,引脚功能见图 1-10-9)。VD5026 有 8 个地址编码输入端 A1~A8(1~8 脚)和 4 个控制数据编码输入端 D1~D4(10~13 脚),这 4 个数据端也可以当地址端来使用;D OUT(17 脚)为串行编码脉冲输出端;TE(14 脚)是编码脉冲发送启动端,当此脚接低电平时,输出端才可以发出编码脉冲;OSC1 和 OSC2 外部接线端,外接一个几十至几百千欧的电阻即可产生振荡,振荡频率 $f_{osc}=1600/R$(kHz),式中 R 为外接电阻,单位为千欧。VD5027 和 VD5028 虽然都是译码器,但它们是有区别的,不同之处在于 VD5027 有 4 个数据输出端,用于锁存 VD5026 发出的二进制数据,而 VD5028 则没有,但 VD5028 多了 4 个地址位,即有 12 个地址位。它们的输入端为DIN(14 脚),用于接收 VD5026 发出的编码脉冲;VT(17 脚)为输出端,当它们本身的地址码与接收到的地址编码相同时,该脚由低电平变为高电平。

图 1-10-8　VD5026/VD5027/VD5028 编码器、译码器

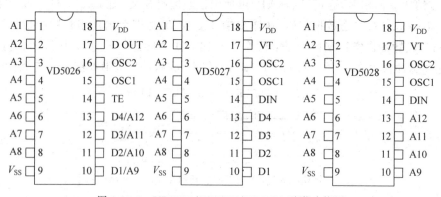

图 1-10-9　VD5026/VD5027/VD5028 引脚功能图

(2) 性能特点及主要参数

① VD5026 是一种应用灵活的编码器,它的数据输入端也可兼作地址输入端,所以表示为 D1/A9、D2/A10、D3/A11、D4/A12。另外,它的地址编码可以是 3 态编码也可以是 4 态

编码。3 态编码是 0、1 或开路,因此 8 个地址端可有 $3^8 = 6561$ 种编码。如果需要更多的地址编码,可将输入端改为 4 态连接方式,这时 1 脚是第 4 状态的公共连接脚,A2~A8 与第 1 脚连接时即为第 4 种状态。此时 A2~A8 可以任意选择 0、1、开路或接 1 脚,在这种情况下可以组成 $4^7 = 16384$ 个编码。若再将数据输入端作地址端使用时,并按 4 态编码,此时编码数高达 $4^{11} = 4194304$ 种。TE 是发射控制端,低电平有效。VD5026 4 态地址码波形如图 1-10-10 所示。

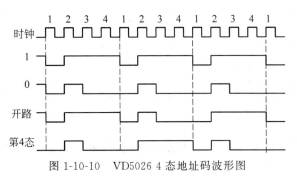

图 1-10-10　VD5026 4 态地址码波形图

② VD5027 和 VD5028 与 VD5026 需要配对使用(接线图见图 1-10-11 和图 1-10-12),当需要控制多个通道时,应采用 VD5027 译码器,用它的 4 个二进制数据输出端可实现多路控制。如果仅控制一个通道,使用 VD5028 译码器即可。当 VD5027 译码到的地址(VD5026 的地址编码)与自己的地址编码对应时即被选通,接收到的 VD5026 的 10~13 脚的数据输入状态就被锁定到 VD5027 的 10~13 脚上,直到 VD5026 的 10~13 脚的数据输入状态再次改变并被 VD5027 接收到。当 VD5027(或 VD5028)在被选通状态时,17 脚由低电平变为高电平,但不保持,一旦 VD5027(或 VD5028)接收不到该地址码信息,即不在被选通状态,17 脚就返回低电平。根据这一特点,设计者可根据自己的逻辑需要选择合适的控制端。

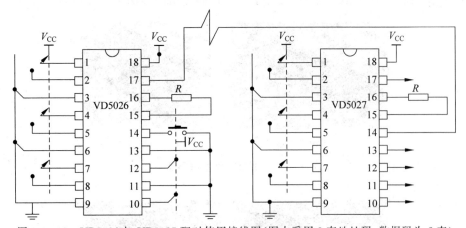

图 1-10-11　VD5026 与 VD5027 配对使用接线图(图中采用 3 态地址码,数据码为 2 态)

③ 三种芯片的工作电压均为 2~6V,静态电流 $1\mu A$,工作电流 $400\mu A$,输出电流 2mA,输入电流 25mA。

4)PT2262/PT2272 系列通用编译码器

该系列编译码器是在 VD 系列编译码器之后出现的一种应用更加广泛的产品,这是因

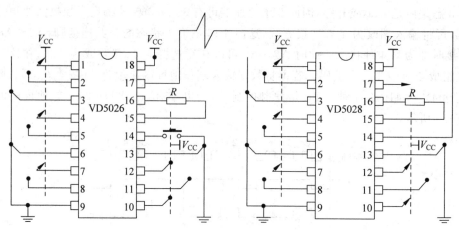

图 1-10-12 VD5026 与 VD5028 配对使用接线图（图中采用 3 态地址码）

为这个系列编译码器品种更加齐全，应用更加灵活，因此得到更多用户的青睐。

（1）结构特点

PT2262 和 PT2272 分别为编码器和译码器，它们均采用了双列直插 DIP18 和贴片 SOP20 两种封装形式（增加的两个脚为空脚，用 NC 表示），如图 1-10-13、图 1-10-14 所示，使用后者将使产品的体积更加小型化。PT2262/PT2272 的地址位可采用最少为 6 位，最多为 12 位、数据位可采用最多为 6 位，最少为 2 位的不同形式，可用后缀来表示，如 PT2272-L4、PT2272-M6，其中 4 和 6 分别表示数据位的数量，而 L 表示数据是锁存输出，即数据只要成功接收就能一直保持对应的电平状态，直到下一组数据到来时改变；M 表示非锁存输出，数据脚输出的电平是瞬时的，和发射端是否发射相对应，可以用于类似点动控制。设定的地址码和数据码从 D OUT 输出；TE 是发射控制端，低电平有效。PT2262 编码器引脚及功能如图 1-10-15 和表 1-10-2 所示。PT2272 译码器引脚如图 1-10-16 所示。

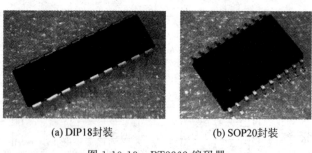

(a) DIP18封装   (b) SOP20封装

图 1-10-13 PT2262 编码器

(a) DIP18封装   (b) SOP20封装

图 1-10-14 PT2272 译码器

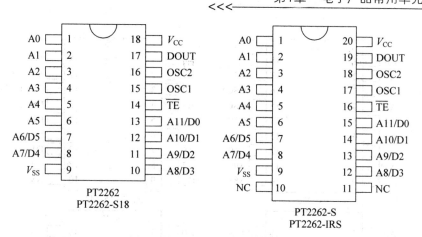

图 1-10-15 PT2262 编码器引脚

表 1-10-2 PT2262 编码器引脚功能说明

名 称	引 脚	说 明
A0～A11	1～8、10～13	地址引脚,用于进行地址编码,可置为 0、1、f(悬空)
D0～D5	7、8、10～13	数据输入端,有一个为 1 即有编码发出,内部下拉
V_{CC}	18	电源正端(+)
V_{SS}	9	电源负端(-)
$\overline{TE}$	14	编码启动端,用于多数据的编码发射,低电平有效
OSC1	15	振荡电阻输入端,与 OSC2 所接电阻决定振荡频率
OSC2	16	振荡电阻振荡器输出端
DOUT	17	编码输出端(正常时为低电平)

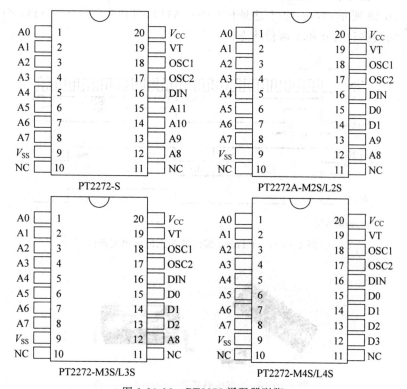

图 1-10-16 PT2272 译码器引脚

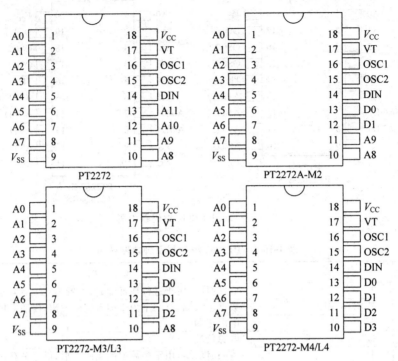

图 1-10-16(续)

（2）性能特点及主要参数

① PT2262 也是采用 3 态地址，即 0、1、f(悬空)，波形如图 1-10-17 所示，3 态拨码开关结构如图 1-10-18 所示，若按 12 个地址位（A0～A11），可提供 $3^{12} = 531441$ 个编码地址。数据输入端的数据只有 0 和 1 两种状态。

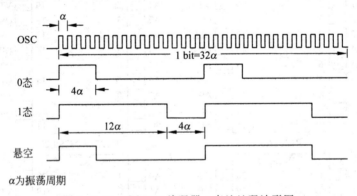

α 为振荡周期

图 1-10-17　PT2262 编码器 3 态地址码波形图

图 1-10-18　3 态拨码开关结构（3 态 1、0、f）

② PT2272 的编码脉冲输入端为 DIN,VT 为接收状态指示端,高电平有效。

③ OSC1 和 OSC2 为内置振荡器的外接电阻接入端。PT2262 和 PT2272 外接电阻的参数可按表 1-10-3 来选择。

④ PT2262/PT2272 工作电压范围 2.6～15V,静态电流 $1\mu A$,输出电流(当 $V_{DD}=5V$)为 $-3～+2mA$。

表 1-10-3 编/译码器外接振荡电阻的选择

PT2262	PT2272
4.7MΩ	820kΩ[*]
3.3MΩ	680kΩ[*]
1.2MΩ	200kΩ[**]

注:[*] 当 $V_{CC}=5～15V$,[**] 当 $V_{CC}=4～15V$。

1.10.3 编码与译码器应用实践

在实际应用中,经常会遇到"多选一""一对一""顺序"控制等问题,如在集体宿舍传达室与各房间安装的多路应答系统属于"多选一"控制;家用轿车的门锁和遥控器之间属于"一对一"控制;粮库储粮仓的温湿度巡回检测属于"顺序"控制。在这些控制系统中都需要选择控制对象,这就是编码器和译码器的应用所在。对编码和译码器的选型要从实用性和经济性两个方面来考虑,上述几种编译码器,功能多的就要比功能少的价格高一些,其中UM3758-108A 既具有编/译码双重功能,又带数据输入/输出,所以价格最高,根据采购数量的不同,其价格为 9～25 元;VD5026 和 VD5027、VD5028 系列因其编码和译码是分开的,所以价格低了很多,一般在 2～3 元之间;而 PT2262/PT2272 的价格更为低廉,仅为1 元左右。从实用性方面来选型要考虑两个问题:一是对编码器地址码数量上的要求;二是对译码器数据信道的要求。在多路应答系统和温湿度巡回检测系统中,对地址编码数量的要求是够用即可;而在轿车遥控门锁的系统中,为了提高安全和可靠性,要求地址编码的数量越多越好。

另外,在编译码电路的应用设计中还要考虑编码器的输入方式。

1. 编码器地址码输入方式的选择

在多路应答系统中主机要随机选择某一个分机通话,地址码应是随意多变的,所以应采用数字键盘进行编码;在轿车遥控门锁系统中,每台车的地址码应是唯一的,所以地址码一旦确定后,就应当在电路中锁定;在粮仓的温湿度巡回检测系统中,各粮仓的地址码是按序排列的,可选用十进制计数器作为编码器的地址码输入装置。

2. 编码器数据码输入方式的选择

编码器数据位只有两种状态。即 0 和 1,根据不同的控制要求数据码的输入方式也有所不同:如可以通过 2 态拨码开关输入 0 或 1(图 1-10-19),用于译码器所在电路通过数据位进行多通道控制;也可通过四 D 锁存器输入 8421 码,用于译码器所在电路的数码显示;还可以通过按键只输入 1(图 1-10-20)。

目前市面上已经有许多用编译码芯片制作的电子遥控产品,图 1-10-21 和图 1-10-22 所示,这是一款用 PT2262/PT2272 编译码芯片制作的无线遥控发射和接收模块,可供使用者用来开发一些电子产品。

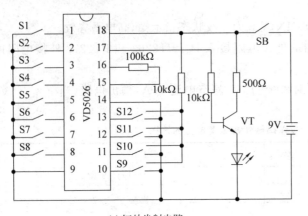

(a) 红外发射电路

(b) 2态拨码开关

图 1-10-19　红外发射电路中 VD5026 用 2 态拨码开关进行数据输入

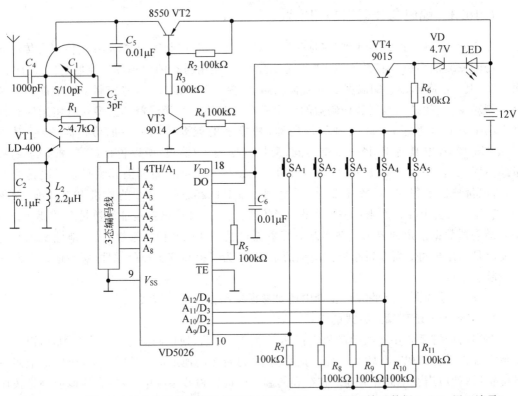

图 1-10-20　VD5026 组成的无线遥控发射电路(按键 SA₁~SA₄ 用于输入数据 1,SA₅ 用于清零)

图 1-10-21　无线遥控发射模块　　　　图 1-10-22　无线遥控接收模块

　　图 1-10-23 是用上面的发射和接收模块制作的无线遥控器成品,发射器可通过编码一对一控制一个接收板,其上的四个按键 A、B、C、D 是用于发射四组数据。接收板通过译码选通,其上的四个继电器可根据发射器 A、B、C、D 的指令产生响应,每个继电器的触点可以通过端子排外接线控制各自的负载。

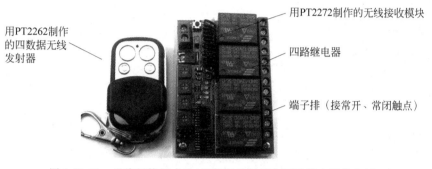

用PT2262制作的四数据无线发射器

用PT2272制作的无线接收模块

四路继电器

端子排（接常开、常闭触点）

图 1-10-23　无线遥控器成品（四数据发射器和四路继电器接收板）

应用篇

第 2 章

电子产品电路搭建实例解析

电子技术的应用已经遍及各个领域,它以各种各类电子产品的形式进入人们的工作和生活之中,使人们的工作变得轻松快捷,生活更加丰富多彩,也使原来许多难以想象的事情变成了现实。电子产品内部究竟深藏着什么让它们各显神通,这是个让初学者颇感兴趣的问题。其实各类电子产品就像用积木搭建的玩具一样,不同的组合会产生不同的风格和效果,各类电子产品都是用不同的单元电路搭建而成的,所以就具有了各自的功能。电子产品的核心是它的控制部分,一般是由硬件和软件共同来实现的,简单的电子产品也可只使用硬件电路来完成相应的控制。硬件是基础,因此本章仅以硬件电路为例,对电路的搭建问题进行探讨和分析。

搭建一个实用的电路就是以电子技术理论为基础的实践过程。搭建电路的实践过程包括:

(1) 确定要解决的问题和进行相应的电路结构设计(用电路原理框图表示),并找出可能涉及到的主要电子元器件。

(2) 电路原理设计,这个过程就是把电路原理框图变成实际电路的过程,是以某些元器件为核心以实现某些功能为目标的电路设计过程。通常可参考相关资料先画出原理草图,必要时可对电路的局部进行电子仿真,观察输出与输入的关系,以确定电路结构及元件参数的合理性。根据情况调整相关参数或电路结构,使输出满足功能要求。最后确定可用于安装的原理图和相关参数。

(3) 电路安装前的准备:列出元器件清单(包括元器件的型号和规格);确定安装方式:验证性安装或成品安装,前者用万能覆铜板即可,后者要用印制电路板(PCB),需有配套机壳,然后进行采购;安装前要核对所有元器件的型号及规格,并确认有极性的器件引脚并做标记;对某些初次使用的器件可做性能测试;准备必要的工具和材料,如电烙铁、焊丝、助焊剂、偏口钳、尖嘴钳、万用表和直流电源等。

(4) 确定电路安装顺序及测试方法。

本章列举了 10 个电路项目,有比较完整的、可以作为成品的电路,也有局部的、只考虑实现某种功能的电路。

2.1　项目1：带有记忆功能的断线防盗报警器

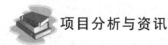

项目分析与资讯

　　　防盗报警就是在有盗情时发出声光报警信号，以引起人们的注意并尽快采取相应措施进行处置。报警器需要相应的传感器来获取防范区域现场的行窃信号，然后通过有线或无线方式向接收装置进行传送。传感器的种类和数量要根据防范区域的大小、地形地貌及防范等级来确定。对于银行金库、国家重要设施、危险品仓库等场所要提高防范等级，而对于一般场所的防范可采用简易的报警装置即可。本项目属于简易防盗报警器的一种，可以在家庭使用。断线防盗报警器中的传感器就是一段闭合的导线，将其设置在防范区域的某处，一旦闭合导线被行窃者扯断，报警器即刻发出报警信号。为了提高报警器的可靠性，要求对传感器产生的信号能够记忆，记忆电路可以使报警电路保持报警状态，这样可以防止行窃者的人为因素中断报警。这种报警电路可以用来解决某些拥有庭院或公共空间的住户，其室外放置的私家物品在失窃时向室内主人发出报警的问题。

　　　本项目主要涉及的是家用防盗报警的问题，虽然按着现在的技术会有很多先进的解决方案，但对于简单的事情也没有必要用又贵又复杂的设备来处理，廉价适用为上策。

2.1.1　电路原理框图

　　根据要解决的问题进行电路结构设计，其电路原理框图如图 2-1-1 所示，各部分功能及要求如下。

图 2-1-1　一种家用防盗报警器原理框图

　　（1）传感器结构及设置。根据题目要求"断线防盗报警"，传感器可采用双股若干长度的塑料绝缘导线，将一端的绝缘扒掉并将两根线导电部分拧接在一起，然后套在某一物体上，另一端接于后面的信号处理电路。当物体被人移动时使两根导线连接处脱开，这样就会产生一个电信号。

　　（2）信号处理电路。这部分电路要把接收到的信号变成一个标准电平信号，同时对输入信号要有记忆。用一个 D 触发器，两个问题就会轻而易举得到解决。

　　（3）驱动电路。选择驱动电路之前，先要考虑怎样让振荡电路在有盗情时起振工作，有两种方法：一种方法是电源控制，即当振荡器需要工作时通过开关器件为其接通电源；另一种方法是信号控制，即振荡电路可以先通电，但只能处于待命状态，在控制信号的作用下才可以起振。如果采用电源控制，则需要电子开关或直流继电器，本电路选用直流继电器并用三极管驱动。

（4）振荡电路。以扬声器为负载,当振荡产生时,交变电流可以让扬声器内的线圈在电磁力的作用下产生纵向振动,并带动纸盆发出报警音响。

2.1.2 单元电路原理

1. 断线传感器及信号处理电路

防盗传感器是用来感知盗情的装置,可以有不同的种类,如有红外线传感器、热释电红外传感器、多普勒效应传感器等,断线传感器是可以自制的一种简易传感器,它就是由两根带有绝缘的导线构成,制作方法如图 2-1-2(a)所示,从室内引出若干长度的两根导线,并将端头处的导体拧在一起,如图中的 ac 段和 bc 段。两根导线的另一端分别连接在信号处理电路的 a、b 两点。使用时是将两根导线缠绕在被保护的物品上,如将导线穿过自行车的车圈,然后将导线端头处进行欧姆连接。如果自行车被行窃者移动将导线拉断,从图中可知,由于上拉电阻 R_2 的作用,a 点的电位将由低电平变为高电平,这就意味着有盗情出现。D 触发器构成信号处理电路,这里用它的直接置 1 端 S 来接收传感器送来的信号。D 触发器在设计时其输出端需做某种规定,如 Q＝0 为初始状态(复位),Q＝1 为报警状态(置位),这样当触发器被置 1 时扬声器就要产生报警鸣响。按上述规定,需要在 D 触发器的直接置 0 端 R 接有上电复位电路 C_1R_1,在接通电源时 D 触发器会自动进入 0 态。当报警发生后,若是行窃者将断线传感器的两根线重新连接起来试图掩盖行窃行为,但电路不会终止报警,因为 S 端只能"置 1"不能"置 0",这就是触发器对信号的记忆作用。在 C_1 两端外接了一个按键,是用于报警器报警后的手动复位,即可由使用者消除报警。

电路中 CD4013 双 D 触发器及引脚如图 2-1-3 所示。

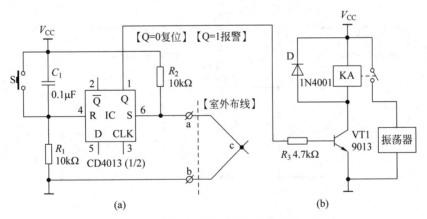

图 2-1-2 断线传感器、信号处理及驱动电路

2. 三极管驱动电路

振荡器的工作电源用直流继电器常开触点控制,而继电器的电磁线圈通常用三极管驱动,电路如图 2-1-2(b)所示,三极管 VT1 工作在开关状态,当无盗情时即 Q＝0,VT1 处于截止状态,继电器线圈 KA 不得电,其常开触点断开,振荡器不工作;当盗情出现时使 Q＝1,VT1 饱和导通,继电器线圈 KA 得电,常开触头闭合使振荡电路得电工作产生音响报警。

3. 振荡电路

振荡电路如图 2-1-4 所示。振荡电路在这里的功能是产生报警音响,报警的音响应当

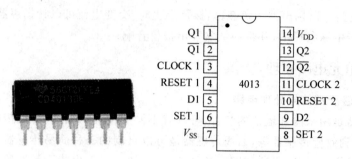

图 2-1-3　CD4013 双 D 触发器及引脚图

具有高低起伏变化,这样才能引起人们的注意。声音的高低变化可通过改变振荡频率或幅值来实现。为了实现这种效果,采用了两种振荡电路,图 2-1-4(b)为音频振荡电路(测试时需将 X1 和 X2 连接起来),所谓音频,是指人耳可以听到的声音频率(20Hz~20kHz),它的负载是扬声器可直接使其发声,但因振荡频率和幅值是固定的,所以发出的声音是平直的;图 2-1-4(a)是超低频振荡电路,如果将 X2 和 X3 两点连通,超低频振荡电路输出电压的高低变化就会改变音频振荡器的幅值(此时音频振荡器也可称为压控振荡器),使扬声器发出的声音也就有了高低起伏的变化。三极管 VT4 是射极输出器,在电路中起缓冲作用,可减少后级对前级工作电流的影响。电容 C_4 可以让音频振荡电路的输入电压慢起慢落,使扬声器发出的声音带有滑音效果。振荡电路的电源受继电器常开触点控制,只有在继电器线圈得电的情况下振荡电路才可以得电工作。

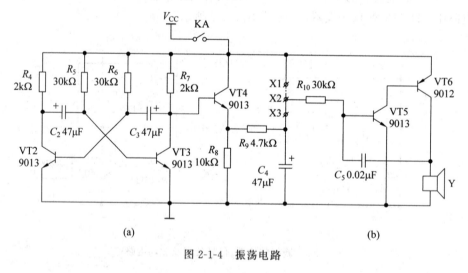

图 2-1-4　振荡电路

对于图 2-1-4 所示的振荡电路的结构及参数是否合适,可以用电子仿真来验证,如图 2-1-5 所示。

图 2-1-5(a)是两个振荡电路各自独立工作时的仿真波形,图 2-1-5(b)是音频振荡电路受超低频振荡电路控制后的仿真波形。其中,2 为音频振荡电路的波形;1 为超低频振荡电路的波形。

4．供电电路

重要场合使用的防盗报警器其供电系统必须具有高可靠性,一般采用主电源＋备用电源的供电方式。家用简易型防盗报警器的供电可采用如图 2-1-6 所示的整流电源即可。

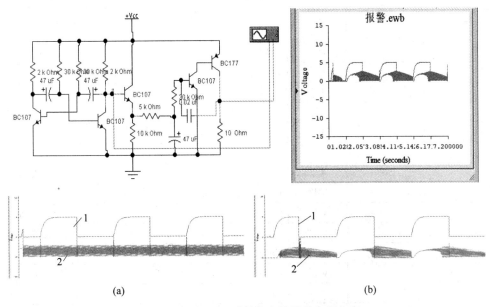

图 2-1-5 用 EWB 对振荡电路做的电子仿真

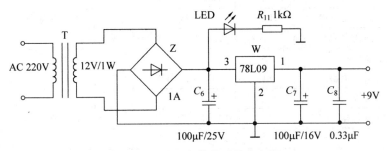

图 2-1-6 防盗报警器用整流电源

在电路结构和参数基本确定后,为了采购上的方便,可列出元器件及物料清单,如表 2-1-1 所示。其中,机壳、小型直流继电器、万能覆铜板、电源变压器可参考图 2-1-7 所示元器件。

表 2-1-1 断线报警器元器件及物料清单

序号	名　称	符号	型号及规格	备注 1	备注 2
1	碳膜电阻	R_1	10kΩ　1/8W	上电复位	单元 1
2		R_2	10kΩ　1/8W	上拉	单元 1
3		R_3	4.7kΩ　1/8W		单元 2
4		R_4	2kΩ　1/8W		单元 3
5		R_5	30kΩ　1/8W		单元 3
6		R_6	30kΩ　1/8W		单元 3
7		R_7	2kΩ　1/8W		单元 3
8		R_8	10kΩ　1/8W		单元 3

续表

序号	名　称	符号	型号及规格	备注1	备注2
9		R_9	5kΩ　1/8W		单元3
10		R_{10}	30kΩ　1/8W		单元3
11		R_{11}	1kΩ　1/8W	限流	单元4
12	独石电容	C_1	0.1μF	上电复位	单元1
13		C_5	0.02μF	交流反馈	单元3
14	电解电容	C_2	47μF/16V		单元3
15		C_3	47μF/16V		单元3
16		C_4	47μF/16V		单元3
17	三极管	VT1	C9013	NPN	单元2
18		VT2	C9013		单元3
19		VT3	C9013		单元3
20		VT4	C9013		单元3
21		VT5	C9013		单元3
22		VT6	C9012	PNP	单元3
23	二极管	VD	1N4001	续流	单元2
24	双D触发器	IC	CD4013(DIP14)		单元1
25	小型直流继电器	KA	DC 9V(线圈电压)	用常开触点	单元2
26	动圈扬声器	Y	8Ω/0.25W/φ30		单元3
27	小型按钮	S		手动复位	单元1
28	电源变压器	T	220V/12V/1W		单元4
29	整流桥	Z	1A		单元4
30	电解电容	C_6	100μF/25V	电源滤波	单元4
31	电解电容	C_7	100μF/16V		单元4
32	涤纶电容	C_8	0.33μF		单元4
33	发光二极管	LED	φ3 红色高亮	状态显示	单元4
34	三端稳压器	W	78L09(100mA)	直流稳压	单元4
35	交流电源引线		1.5m		单元4
36	双股塑料导线		5m 以上	断线传感器	
37	ABS 塑料机壳		135mm×90mm×45mm		
38	万能覆铜板		70mm×50mm		

注：单元1为信号处理电路；单元2为驱动电路；单元3为振荡电路；单元4为整流电路。

(a) ABS塑料机壳　　(b) 小型直流继电器　　(c) 万能覆铜板 　　(d) 220V/12V/1W 变压器

图 2-1-7　可参考的器件及物料

2.1.3　电路安装与调试要点

电路安装与调试应按先单元、后整体的顺序进行。安装单元电路实际上包括了调试环节，每一个单元电路都有自己的功能和性能指标，只有每个单元电路达到了设计要求，整机电路才能正常工作。为了便于调试，单元电路的安装顺序一般是先从输入端开始，逐级向后进行，这样做的好处是可以把前级的输出作为后级的输入，使调试具有实际意义。

1. 信号处理电路安装与调试

CD4013 是双 D 触发器，安装前要根据引脚图了解两个触发器的引脚分布，并确定其中一个为所用触发器。CD4013 有两种封装形式（大尺寸为 DIP 双列直插，小尺寸为 SOP/SMD 小型扁平/贴片），这里采用 DIP14 封装形式，便于初学者焊接。为了防止在焊接过程中将器件损坏（焊接时间长或静电都会对半导体器件产生不利影响），可以使用集成电路插座（图 2-1-8），就是把 DIP14 的插座焊在电路板上，在通电调试时再将触发器插到插座上。在安装集成电路时要注意电源引脚（V_{DD}、V_{SS}）的连接，在电路原理图上为了简便起见，集成电路的电源引脚有时不表示，但在安装时必须要接到直流电源上。

图 2-1-8　集成电路 DIP14 插座

电路调试时先将 D 触发器置 1 端 S 用导线接地，通电后用万用表直流电压挡测量输出端 Q 的电位，如果是低电平即为复位状态，说明复位电路正常，然后将 S 端对地导线断开（相当于传感器产生的输入信号），此时 Q 端应变为高电平，然后再将 S 端与接地导线重新连接上，Q 端仍然保持高电平，表示电路能够正常工作。

2. 三极管驱动电路安装与调试

这部分电路的安装首先要识别三极管的引脚极性和直流继电器引脚结构。三极管型号为 C9013，其引脚极性如图 2-1-9 所示。继电器安装之前要明确线圈引脚和常开触点引脚的位置，有的继电器在外壳表面给出了接线图，如图 2-1-10 所示。否则，可以用万用表欧姆 $R \times 1$ 挡测试来确认。在安装时要注意继电器的线圈额定电压是否与直流电源相符，确认续流二极管引脚极性，连接时不能接反，否则三极管将被损坏。

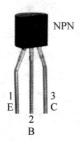

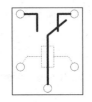

图 2-1-9　三极管 C9013 引脚图　　　图 2-1-10　5 脚继电器底视图

电路调试时可以和信号处理电路联调，即将 D 触发器的 Q 端连接到三极管的基极上，通电后看 Q＝0 和 Q＝1 两种情况下，继电器触点的动作变化是否符合要求。

3. 振荡电路安装与调试

这部分电路可以分两步进行安装调试，先安装由 VT2、VT3 构成的超低频振荡部分。

注意电解电容的极性不要搞反(引脚长的极性为正)。通电后用万用表直流电压挡测量两个三极管集电极电位变化,如果表针来回摆动,说明电路已产生振荡,工作基本正常。然后安装音频振荡电路部分,其中包括 VT4 等(先将 X1 和 X2 两点连通),扬声器选用 8Ω 动圈式,直径 50mm 左右。安装时 VT5 和 VT6 不要搞混,因为 C9012 是 PNP 型,C9013 是 NPN型,且 C9012 引脚极性的排列有三种形式(生产厂家不同所致),如图 2-1-11 所示,故在安装前要用万用表欧姆挡进行确认。通电调试时,如果扬声器有声音发出,说明电路产生了振荡。此时可将 X1 和 X2 两点断开,将 X2 和 X3 连通,然后再接通电源,这时扬声器发出的音调应当有高低起伏变化,如果声音效果不够理想,可以适当调整 R_9、R_{10} 的阻值。

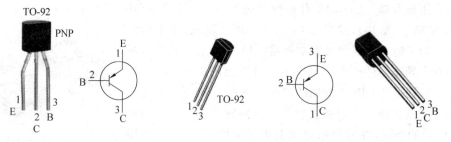

图 2-1-11　三极管 C9012 引脚极性有三种排列形式

　　最后整机进行统调。即按照报警电路正常防范要求设置好传感器(双股导线),然后通电,报警器处于防守状态,当有人移动某物使双股导线连接处断开时,报警器应立即发出报警音响,当手动复位时,应停止报警。

2.2　项目 2:手机延时开/关机控制电路

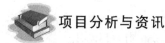 **项目分析与资讯**

　　使用智能手机的人都知道手机的开机和关机都是用一个按键来控制,这是一种小型轻触按键开关(又称侧键或边键开关,如图 2-2-1 所示),它具有体积小、结构紧凑的特点,使用时只需轻触按键即可接通电路。还有一种体积更小的薄膜轻触按键,如图 2-2-2 所示。由于它们的这种小体量结构本身不具有对信号的锁定保持功能,要使手机能够保持开机或关机状态,必须解决按键信号的记忆问题。另外,由于轻触按键的灵敏性,对手机的开机或关机操作应增加延时功能,以防止使用者的误操作带来的麻烦。

　　本项目只是关注手机类等电子产品在开/关机方面要解决的问题,事件虽小,但对于产品来说,任何一点缺陷都会影响它的完美,所以需要认真对待。

图 2-2-1　小型轻触按键　　　　　　图 2-2-2　薄膜轻触按键

2.2.1 电路原理框图

手机延时开/关机原理框图如图 2-2-3 所示。

图 2-2-3 手机延时开/关机控制原理框图

（1）轻触按键及延时电路。手机的开机或关机要通过按键发出指令,由于轻触按键的动触点和静触点的间隙很小,轻微的触碰就会发出信号,为了防止使用者在无意的情况下出现的误操作,因此,要求在开机或关机时,电路响应不应在触碰按键时即刻完成,应有一定的时间延时。由于所需延时时间仅需几秒钟即可,所以可利用阻容元件的充放电作用将开/关机时刻推迟。

（2）记忆保持电路。用触发器可实现这个功能,可以假定,当触发器输出 Q＝0 时（即被置 0）,手机维持关机状态;当 Q＝1 时（即被置 1）,手机维持开机状态。但如何用一个按键既能置 1 又能置 0 呢?这就要用到触发器的计数功能,即 $Q_{N+1}=\overline{Q_N}=D$,把按键产生的信号视为计数器的 CP 脉冲,这样,每按一次按键,触发器的状态就会反转一次,即用一键实现开/关控制。

（3）电子开关。延时和记忆电路在手机放入锂电池后始终处于通电状态,这是为了完成开/关机的需要。而手机主电路（负载）的电源需要用电子开关来控制,电子开关接收触发器的开/关信号控制。

2.2.2 单元电路原理

1. 轻触按键及延时电路

轻触按键及延时电路如图 2-2-4（a）所示。其中,S 为手机开/关机按键,即开机和关机都需要按下此键。按下此键是要为 VT1 注入基极电流使其饱和,进而使 VT2 也进入饱和

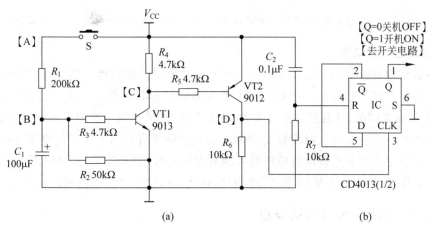

图 2-2-4 轻触按键及延时电路

导通状态,其集电极电平由低变高,这就是开/关机指令信号,但我们希望这个开/关机指令信号推迟几秒钟发出来而不是即刻,为此在电路中引入了由 R_1、R_2 和 C_1 构成的充放电电路。此时按下按键 S 大约 3s 后,VT1 和 VT2 才会进入饱和,也即将开/关指令推迟了 3s。R_1 和 C_1 构成充电回路,在充电时,B 点的电位逐渐上升,可推迟 VT1 饱和;C_1 和 R_2 构成放电回路,其作用是在开/关机完成后,要尽快将 C_1 极板上的电荷释放掉,否则将影响下一次的延时。图 2-2-5 是手机延时开/关机控制电路的工作时序图。其中,【A】表示开机指令信号,【D】表示开机延时信号。图 2-2-6 为手机延时开/关机控制电路 EWB 仿真图。

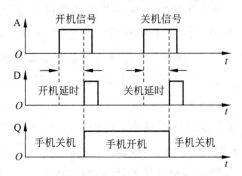

图 2-2-5   手机延时开/关机控制电路工作时序图

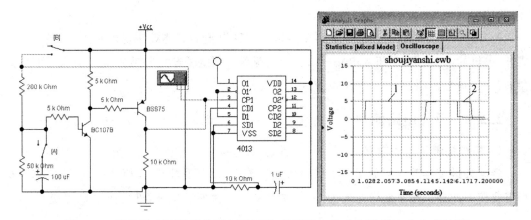

图 2-2-6   手机延时开/关机控制电路 EWB 仿真图(1 为 A 点波形,2 为 D 点波形)

2. 触发器计数电路

触发器计数电路如图 2-2-4(b)所示。D 触发器的记忆作用可以转变成多种应用,D 触发器的计数状态就是指每来一个 CP 脉冲,触发器的输出状态翻转一次。将触发器的 D 端与 $\overline{Q}$ 端连接起来即可,计数脉冲来自 VT2 的集电极,按键 S 每一次按下和抬起就会在 VT2 的集电极产生一个正脉冲。触发器 Q 端输出的开关信号可控制电子开关的导通或关断。

对于某些电子装置控制面板的按键可能不需要延时,只需要记忆,可将图 2-2-4 中的电容 C_1 去掉即可,或者可将 VT1 和 VT2 去掉,直接用按键 S 产生计数脉冲信号。

2.2.3   电路安装与调试要点

本电路在手机或其他便携式电子产品中都会有应用,尽管它只是占整个系统很小一部分,但它的作用不可或缺。安装的意义在于验证电路结构的合理性,故可在面包板(图 2-2-7)上来完成电路连接。

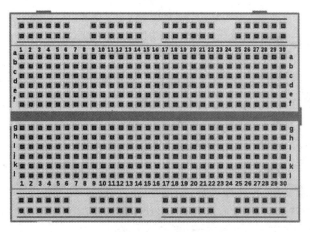

图 2-2-7　面包板

(1) 延时电路的安装与调试。分两步进行,①电容 C_1 暂不接入电路,即在无延时的情况下测试 VT1 和 VT2 的工作状态。电路接好后通电,分别测试在按键 S 按下的前后 VT1 和 VT2 的状态。S 在按下前两个三极管均处于截止状态,此时【C】点应为高电平,【D】点应为低电平;当按下 S 并保持,两个三极管的状态即刻出现翻转,【C】点变为低电平,【D】点则变为高电平。当手指离开 S 后,两个三极管又迅速回到原状态。②电容 C_1 接入电路,即在有延时的情况下,再测试 VT1 和 VT2 的工作状态。此时,在按下按键 S 时,两个三极管的状态不应立刻发生变化,而是在按键 S 保持闭合大约 3s 时,VT1 和 VT2 的状态才翻转。

(2) 计数电路的安装与调试。将 D 触发器接成计数状态,即将 D 触发器的 $\bar{Q}$ 端连接到 D 端上。如果规定 Q=0 时为关机状态,Q=1 为开机状态,则 D 触发器的初态要设为 0 态,需要设置上电复位电路,即在 D 触发器的置 0 端 R 接入 C_2 和 R_7,而置 1 端 S 必须接地,否则会出现状态不稳的现象。最后将 D 触发器的 CP 端接到延时电路的【D】点,通电后触发器初态应为 0(手机为关机状态),此时按下按键 S 并保持 3s 左右时,触发器输出状态应翻转为 1(手机延时开机)。松开按键几秒钟后,再次按下按键 S 并保持 3s 左右,触发器应再次翻转,输出变为 0(手机延时关机)。

(3) 调试过程中可能会出现的问题。①长时间按下按键 S,VT1 和 VT2 的状态均无变化。原因分析:这可能是 C_1 的极性接反了,出现过大漏电流,导致电源对 C_1 充不上电,【B】点电位升不起来。解决办法:将 C_1 两端对调。②第一次按下按键 S 可以延时开机,但隔几秒钟再次按下按键 S 时却不能延时关机,出现即刻关机现象。原因分析:可能是放电回路的放电限流电阻 R_2 阻值过大导致 C_1 放电过缓,影响了 C_1 第二次充电。解决办法:适当减小 R_2 的阻值。③D 触发器 Q 端输出状态不稳定,即在没有任何操作的情况下,输出状态在 0 和 1 之间跳动。原因分析:这很可能是 D 触发器的置 1 端 S 处于悬空状态没有接地而造成的。解决办法:检查触发器 CD4013 的 6 脚,看其是否存在没有接地或接地不良。

2.3　项目3：红外线自动水龙头控制电路

 项目分析与资讯

　　地球上的水资源是有限的，很多地方长年处于缺水状态。为此，各国政府都非常重视节约和合理用水的问题。在大型商场、火车站、机场等人员密集的场合，人们使用卫生间的频度很大，采用红外线自动水龙头可以有效地避免"常流水"，达到节约用水的目的。红外线自动水龙头(图 2-3-1)采用了反射式红外线传感器(图 2-3-2)，它是一种将发射和接收对管一体化的传感器，当有物体靠近时，一部分红外线光被反射到接收管，从而产生控制信号让电磁阀产生开启动作使水流出。

　　本项目是出于节约用水的角度来讨论红外线自动水龙头控制电路的搭建及应用方法，同时也想以此来提高大家节约用水的意识。

红外传感器窗口

图 2-3-1　红外线自动水龙头

发射

接收

图 2-3-2　反射式红外线传感器

2.3.1　电路原理框图

红外线自动水龙头原理框图如图 2-3-3 所示。

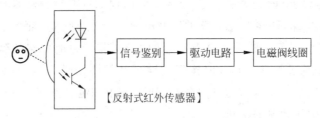

信号鉴别　→　驱动电路　→　电磁阀线圈

【反射式红外传感器】

图 2-3-3　红外线自动水龙头原理框图

原理框图中各单元电路作用如下。

　　(1) 反射式红外线传感器。它是将红外发射二极管和接收三极管两个元件放在同一个封装体内，通过窗口向外发射和接收。在正向电流作用下，红外线二极管发出红外线，当有物体靠近传感器窗口时，由于物体的反射作用将红外线反射到接收管，从而使其内部的电流产生变化，生成控制信号。采用红外线发射和接收的方式可以抗日光、灯光的干扰。

　　(2) 信号鉴别电路。鉴别的目的是防止可能存在的其他红外信号的干扰，防止电磁阀产生误动作，提高电路工作的靠性。

（3）驱动电路。在水龙头的管路上安装一个电磁阀，用于控制水流。电磁阀内部有电磁线圈、静铁心、动铁心和动铁心复位弹簧。当电磁阀线圈通电时，动铁心被提起，水龙头开启，反之则关闭。驱动电路是用来为电磁阀的线圈提供电流。

2.3.2 单元电路原理

1. 反射式红外线传感器电路

反射式红外传感器一般是安装在水龙头的基座上，如图 2-3-1 所示。其电路结构如图 2-3-4 所示，图中有两种结构的红外传感器电路，它们使用同样的反射式红外线传感器件 LG，当红外线发射二极管有正向电流通过，向外发出红外光束时，如果有物体靠近 LG 的窗口，红外线将被反射到三极管内部的 PN 结上，产生较大的基极电流，使三极管由截止状态变为饱和状态，其集电极电平由高变低。"正向电流"和"物体靠近"这两个条件必须同时满足，传感器才会产生输出响应。而两个电路的区别在于图 2-3-4(a)所示电路中，红外线发射二极管流过的电流是固定值，发射出的红外光束是恒定的；在图 2-3-4(b)所示电路中，红外线二极管流过的电流是受三极管 VT1 基极电流控制的，所以发出的红外光束的强弱是随基极电流变化的，由于上述原因导致图 2-3-4(a)所示电路中三极管集电极输出只有电平高低之分，而图 2-3-4(b)所示电路中三极管集电极输出除了有电平高低之分外，还可有频率的不同，如果在 VT1 的输入端加入的是具有一定频率的方波信号，则红外发射二极管发出的红外信号的频率与方波信号相同，接收三极管集电极电位的变化也与方波信号频率一致。根据这一特点，可以和锁相环音频译码器 LM567 配合，起到对信号的鉴别作用。

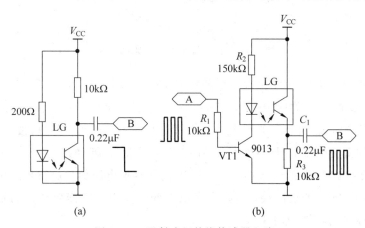

图 2-3-4　反射式红外线传感器电路

2. 信号鉴别电路

所谓信号鉴别，是指对红外传感器输出的信号进行确认，看它是否是由于人体接近传感器时而产生的，也就是说红外传感器输出的信号也可能是由于干扰信号造成的，必须要去伪存真。信号鉴别的方法是利用了锁相环音频译码器 LM567 的某些特殊功能。LM567 是一种模拟电路和数字电路组合器件，如图 2-3-5 所示。3 脚为输入端，要求输入交变信号，8 脚为输出端，输出开关量信号，低电平有效。在电路内部有一个矩形波发生器，矩形波的频率由 5、6 脚外接的 R、C 的参数决定。这个矩形波有两个作用，一是作为内部参考电压，等待与外部输入电压进行比较；二是可提供外部输出。内部工作过程是：输入信号从 3 脚进入 LM567 后，与内部的矩形波进行比较，若两者相位一致，则 8 脚输出低电平，否则保持高电平。图 2-3-6 是信号鉴别电路及驱动电路。

图 2-3-5　音频锁相环译码器 LM567 及引脚图

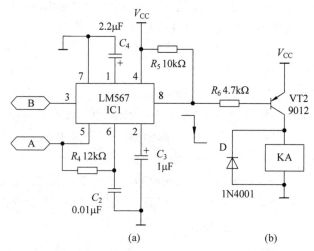

图 2-3-6　信号鉴别电路及驱动电路

　　电路工作原理：将 LM567 内部产生的矩形波(幅值约 4V)从第 5 脚引出通过 R_1 送到三极管 VT1 的基极，使接在 VT1 发射极的红外线发射二极管导通并向周围空间发射经调制的红外光。当有人洗手时，接近水龙头的手就将红外光反射回一部分，被红外接收管接收并转换为相应的交变电压信号，这个信号和 LM567 输出(5 脚)的信号变化规律是一致的，经 C_1 耦合又回到 LM567 的输入端(3 脚)上，与内部矩形电压信号进行相位比较，两者几乎丝毫不差，此时 LM567 的输出端(8 脚)由高电平变为低电平。需要注意的是，8 脚是集电极开路输出，使用时必须外加上拉电阻(R_5)。

3. 电磁阀线圈驱动电路

　　电磁阀线圈驱动电路如图 2-3-6(b)所示。驱动电路的输入信号就是前级 LM567 的输出信号。KA 为电磁阀线圈。VT2 采用 PNP 型三极管的原因是为了符合 LM567 输出信号的极性要求。由前面的分析我们已经知道，当无人靠近红外传感器时，LM567 的 8 脚输出高电平，此时 VT2 为截止状态不导通，KA 中无电流通过，当有人靠近红外传感器时，LM567 的 8 脚输出低电平使 VT2 导通，KA 得电，电磁阀开起，当手离开后电磁阀又恢复关闭状态。

　　图 2-3-7 为红外线水龙头控制电路全图，它适用于公共场合的洗手间使用，如火车站和

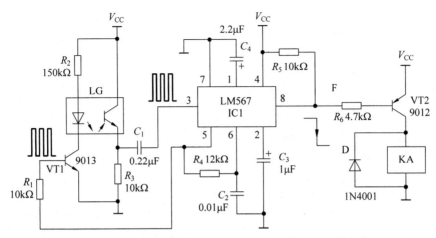

图 2-3-7 适用于公共场所卫生间的红外线水龙头控制电路

机场等人流密集场所,人手靠近时出水,人手离开时关闭,既可节水又可防止交叉感染。但对于医院的手术室来说,还可做如下改进就更为实用,如图 2-3-8 所示,它是在图 2-3-7 的基础上,在驱动电路前面增加了一个工作在计数状态的 D 触发器,水龙头的控制就变成了手接近传感器时水龙头出水,手离开后保持出水,当手再一次接近传感器时水龙头关闭。D 触发器初态设为 1 态。三极管 VT3 是用于信号的极性变换。

4. 供电电路

红外线自动水龙头供电电路最好采用以交流为主外加直流备用的供电方式,如果单纯采用交流供电,在停电的情况下就无法使用。图 2-3-9 给出了交直流供电方案。交流供电采用了整流、滤波和稳压电路(主电源),输出电压为 6V。直流供电采用四节 5 号电池通过一个二极管与主电源并联,二极管起隔离作用。在交流正常供电情况下,二极管不导通,由主电源供电。停电时,电池可以通过二极管向控制电路供电。

2.3.3 电路安装与调试要点

1. 反射式红外传感器电路的安装及调试

反射式红外传感器可选 ST188 型,如图 2-3-10 所示。安装之前先要对红外传感器中的发射管和接收管进行检测。检测红外发射管的方法:将万用表的挡位选在欧姆(×10k)挡上,用黑表笔接发射管的正极,红表笔接负极,然后用手机的摄像功能观察发射管是否有白光产生。若有轻微的白光(因万用表提供的电流很有限),说明发射管基本没问题。测接收管的方法:将万用表的挡位选在直流电流最小挡位上,黑表笔接集电极,红表笔接发射极,然后将接收管对着台灯前后移动,看表针是否有变化,越靠近灯时,表针摆动越大,这是正常的。按图 2-3-4(b)连线。为了测试方便,可先将 VT1 的输入端 A 点接在直流电源的正极上,选万用表的直流电压 10V 挡,将红表笔接在集电极上,黑表笔接地。然后用手在传感器的窗口前晃动,看表针是否有摆动,有摆动为正常,不摆动说明电路连接有误。

2. LM567 电路的安装与调试

按图 2-3-6(a)接线。通电后,先测试 LM567 在输入端开路时 8 脚的电平,正常时应为高电平。然后用一根导线将 LM567 的 5 脚和 3 脚连接起来,这时 8 脚输出应变为低电平。

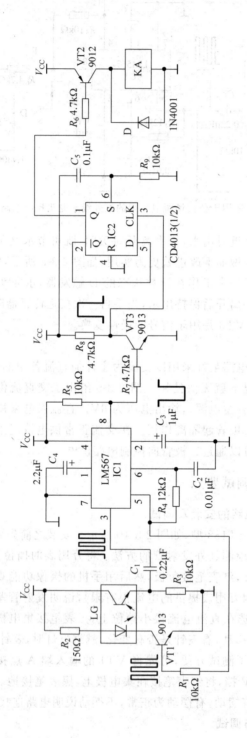

图 2-3-8　适用于医院手术室的红外线水龙头控制电路

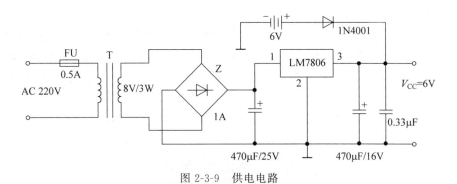

图 2-3-9　供电电路

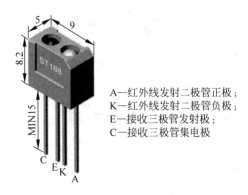

A—红外线发射二极管正极；
K—红外线发射二极管负极；
E—接收三极管发射极；
C—接收三极管集电极

图 2-3-10　反射式红外传感器 ST188

3．驱动电路的安装与调试

直流电磁阀如图 2-3-11 所示，其主要参数有两个，即电磁线圈的额定电压和额定电流。在确定电源电压 V_{CC} 时，要考虑到电磁阀额定电压的需求，使 V_{CC} 等于或略大于电磁阀的额定电压；在确定三极管型号时，要使三极管集电极电流 I_{CM} 大于电磁阀的额定电流。电磁阀接入电路后，通过听电磁铁动作发出的声音来判断它是否有响应。通电后的初态，电磁阀不动作处于关闭状态；当人手靠近红外传感器时，电磁阀内的电磁铁应被拉起，发出声响（开启状态）；当人手离开传感器时，电磁铁落下又会发出一次声响（关闭状态）。

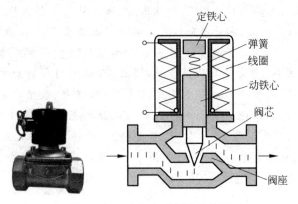

图 2-3-11　直流电磁阀及结构图

4. 整机联调

将原来的临时接线全部撤掉,并将各单元电路按前后级关系全部连接好,如图 2-3-7 所示。注意各单元电路直流电源的连接,不要有遗漏。整机联调就是根据电路的功能进行系统调试。本电路要达到的功能是:用手靠近传感器时,水龙头出水;手离开时,水龙头停止出水。

某品牌带有冷热水的红外线水龙头全部配件如图 2-3-12 所示。

图 2-3-12　某一品牌带有冷热水的红外线水龙头的全部配件

2.4　项目4:有源音箱中的音频放大电路

 项目分析与资讯

在现代人们的生活和学习中,对有源音箱的使用非常普遍,所谓有源音箱,就是在音箱内部装有功率放大器和配套电源的音箱。它可以独立使用播放各种音源信号,如麦克风/手机/CD/VCD 等有音频输出的设备。相对于家用组合音响或家庭影院用的音箱(无源音箱)来说,它的体积要小很多,适合移动使用。有源音箱最早出现在 20 世纪 60 年代的电声乐器的演出中,广泛地被人们所接受是在 20 世纪 90 年代家用计算机普及后出现的多媒体音箱。有源音箱自出现以来,生产厂家一直在围绕着实用性、音响效果及减小功耗和体积等方面展开竞争,其中,实用性包括可以接纳各种信号源,如电容麦克、动圈麦克、音频线路输入、USB 和 SD 卡接口及无线蓝牙等;音响效果涉及扬声器的质量、机箱的结构及材质、放大电路的保真度等。当然,高保真放大电路是所有要素的灵魂。而音频放大的重点是功率放大,它是用全频大电流推动扬声器发声的动力源。影响功放性能的两个主要指标是保真度和效率。功率放大分为模拟功放和数字功放两类,模拟功放利用晶体管的线性关系,具有较高的保真度,因此,在现有的音响系统中,模拟功放仍占据主导地位。然而,模拟功放的主要不足是效率低、功耗大、散热要求高。一般来说,A类功放的效率小于 50%,改进的 B 类或 AB 类功放效率也在 75% 以下。相比较而言,D类功放(即数字功放)以其效率高、体积小、重量轻、输出功率大的特点,近几十年来逐渐受到重视,并得到迅速的发展。图 2-4-1~图 2-4-5 所示为扬声器、音箱外形及功率放大器输入接口和功放板。

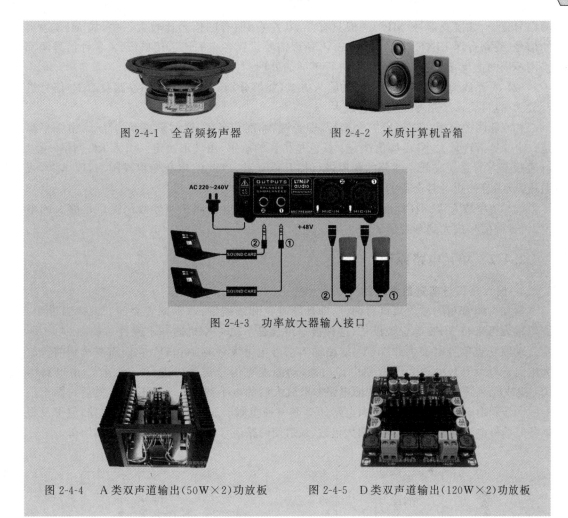

图 2-4-1　全音频扬声器　　　　　　图 2-4-2　木质计算机音箱

图 2-4-3　功率放大器输入接口

图 2-4-4　A类双声道输出(50W×2)功放板　　　图 2-4-5　D类双声道输出(120W×2)功放板

2.4.1　电路原理框图

有源音箱中的音频放大器主要由输入接口、前置级、音调级、功率放大级这几部分组成，如图 2-4-6 所示。输入接口应是为某些信号源量身定做的专用通道，基本的信号源有麦克风和各种音频设备；前置级的作用是提升信号幅度以达到功放级输入要求，前置级应具有输入阻抗高、输出阻抗小、频带宽、噪声小等指标；音调级的作用是对输入信号进行"音调"调节，即对信号中的某个频段进行提升或衰减，以达到理想的音响效果；而功率放大级则是音频放大器的主要部分，它决定了输出功率的大小，要求具有输出效率高、输出功率大的特点。对于整个功率放大器而言，要求其失真小、噪声低，有较好的扩音效果。

图 2-4-6　有源音箱中的音频放大电路结构框图

（1）输入信号接口。对于有源音箱或舞台用功放机来说，会有多种信号源需要放大，有的信号很弱,如麦克信号(MIC)一般只有 5mV 左右,而有的信号比较大一些,如 MP3 输出的信号(线路音源 LINE)可达到 100mV,所以需要设置各自的通道接口(通常各种信号源都采用不同的插座接入),以便对它们进行不同的处理。

(2) 前置放大级。可适应不同的输入方式,能够分别对麦克信号和线路(LINE)信号进行放大,也可将多个信号进行混合放大。

(3) 音调控制级。声音有三个指标,即音调、响度和音色,音调是指音的高低,由频率决定;响度是指音量大小,由幅值决定;音色是指音的质感,由波形决定。引入 RC 网络,可以将通频带内的高频或低频部分的幅值进行提升或衰减,以此使声音变得或圆润,或丰满,或通透,以满足使用者对声音的不同感受。

(4) 功率放大级。在标准音频电平的作用下,控制电源向扬声器线圈提供足够大的电流,将音源信号放大到理想值。

2.4.2 单元电路原理

1. 输入接口与前置放大电路

假如有源音箱的输入接口有两种,即动圈麦克和线路输入(动圈麦克的音源来自歌手,线路输入可来自 MP3 等音频设备,这种接口组合是卡拉 OK 机的基本配置),如图 2-4-7 所示。动圈麦克信号电平大约 5mV,线路输入信号电平大约有 100mV,它们需要送到前置放大电路进行混合放大。为了做到声音均衡,动圈麦克信号需要先进行一次放大,由电路中IC1 组成的话筒放大器来完成,按照电路参数放大后的电平约为 40mV(U_{o1})。然后将两个信号一同送到由 IC2 构成的前置放大电路,IC2 是一种类似于加法器接法的放大电路,它可以根据各路信号电平强度选择不同的放大倍数,最后使两路信号在其输出端(U_{o2})达到均衡。

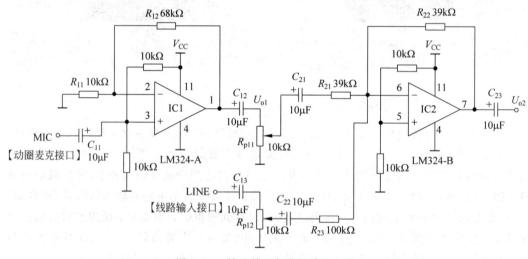

图 2-4-7　输入接口与前置放大电路

电路中 R_{p11} 和 R_{p12} 为输入接口信号电平调节电位器,它们可以解决两个问题:一是当信号过强使输出产生失真时,可通过调节电位器减小输入量;二是使两个信号的输出主次分明,比如歌唱者的声音要大过器乐伴奏的声音。

2. 音调控制电路

音频是人耳可感受到的频率,其范围为 20Hz～20kHz。音调控制就是人为地改变信号里高、低频成分的比重。在信号的频带内,如果将高音频率衰减了,就相当于低音频率被加强了,称为"低通";反之亦然,称为"高通"。利用 RC 网络可以实现低通滤波或高通滤波,如图 2-4-8 所示。

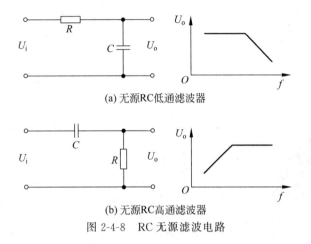

(a) 无源RC低通滤波器

(b) 无源RC高通滤波器

图 2-4-8　RC 无源滤波电路

　　RC 无源滤波的优点是结构简单,容易实现。缺点是通带内的信号会有能量损耗。采用含有运算放大器的 RC 有源滤波电路可弥补上述不足,如图 2-4-9 所示。

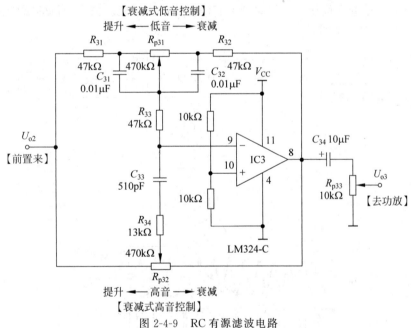

图 2-4-9　RC 有源滤波电路

　　电路中引入了两个 T 型 RC 网络,分别组成衰减式低音控制(低通)网络和衰减式高音控制(高通)网络,通过调节 R_{p31} 和 R_{p32} 两个电位器可实现对低音或高音增益的提升或衰减控制,而中音增益可保持不变。R_{p33} 是用来调节功放输入信号电平,也就是调节功放输出的音量,通常称为音量电位器。

3. 功率放大电路

　　TDA2003 是一种具有 5 个引脚的模拟集成功率放大器,采用单电源供电(OTL),在加装标准散热片的情况下,可以输出 10W 功率。其典型电路接法如图 2-4-10 所示。

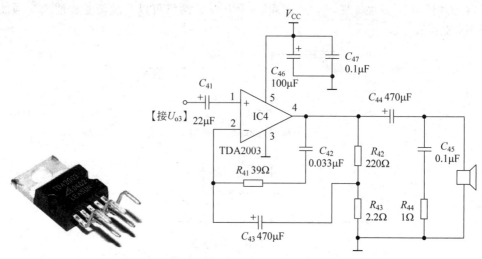

图 2-4-10 用模拟集成功放 TDA2003 及其组成的功放电路

由于模拟功放(A 类或 AB 类)需要静态电流,使其功耗很大,所以一般采用交流供电方式(整流电源或开关电源),这类有源音箱不适合旅行使用。数字功放(D 类)的出现为旅行者和喜好室外娱乐的人们使用可以移动的有源音箱成为可能。数字功放的结构及基本原理可以用图 2-4-11 加以说明。

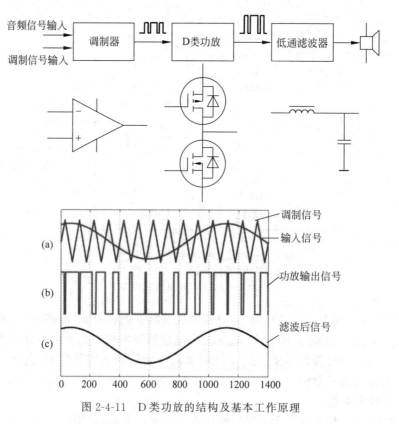

图 2-4-11 D 类功放的结构及基本工作原理

1）调制器

调制器可由比较器组成。将音频输入信号和通过自激产生的三角波调制信号进行比较，比较后的结果是在输出端形成占空比不等的方波（已调波），已调波中隐藏着音频信号。

2）D类功放

D类功放由功率 MOS 对管组成。MOS 管工作在开关状态，在已调波的作用下关闭或导通，在输出端产生与已调波变化规律相同但幅值更大的方波。

3）低通滤波器

低通滤波器由电感和电容组成。将 MOS 管输出方波中的高频滤掉，还原出被放大后的音频信号推动扬声器发声。

由于 D 类功放中的 MOS 管工作在开关状态，不存在静态电流的问题，功耗极低，可以采用锂电池供电，这是它获得广泛应用的重要原因。目前市面上已经有多种型号的 D 类功放模块，下面介绍其中的两种。

（1）TDA8932（单声道，输出功率为 35W，DC 供电：8～24V）。TDA8932 可以输出 35W 的功率，但从其成品功放 PCB 板上却看不到散热片，说明功耗极小，可以用锂电池供电，如图 2-4-12 所示。

(a) D类功放模块TDA8932

(b) TDA8932成品功放PCB板(31mm×45mm)

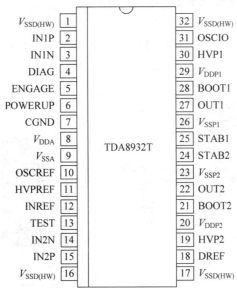
(c) TDA8932引脚图

图 2-4-12　单声道 D 类功放集成电路 TDA8932

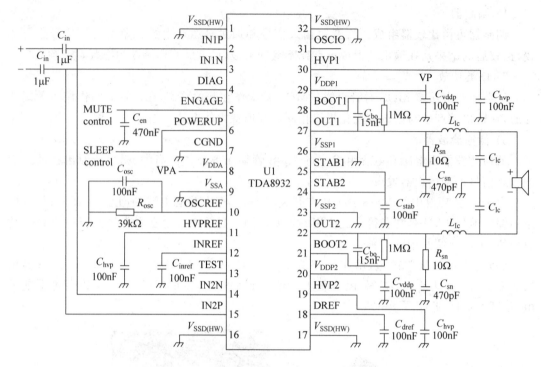

(d) TDA8932接线图

图　2-4-12(续)

（2）CS83785（双声道立体声，输出功率为 $2\times10W$，DC 供电：一节 3.7V 锂电池）。与 TDA8932 不同的是，CS83785E 内置有升压电路，可以将一节 3.7V 锂电池升压到 8.5V，并且采用双功放立体输出，可提供 $2\times10W$ 的功率，如图 2-4-13 所示。

需要说明的是 TDA8932 和 CS83785E 均采用双端输入（即没有共地端），而前置级、音调级都是单端输出（有共地端），不能直接与其相连，需要进行"单"转"双"的转换。可以用小功率双通道功放 TDA2822（$1.8\sim15V$、$2\times1W$ 或 3W）的桥式（BTL）接法来实现，如图 2-4-14 和

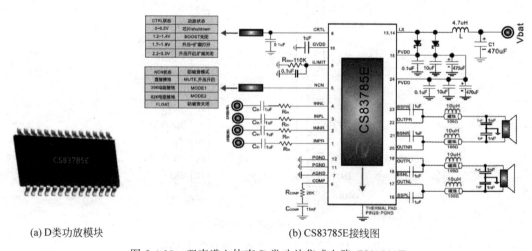

(a) D类功放模块　　　　(b) CS83785E接线图

图 2-4-13　双声道立体声 D 类功放集成电路 CS83785E

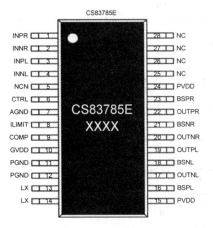

CS83785E

INPR	1			28	NC
INNR	2			27	NC
INPL	3			26	NC
INNL	4			25	NC
NCN	5			24	PVDD
CTRL	6			23	BSPR
AGND	7	CS83785E		22	OUTPR
ILIMIT	8	XXXX		21	BSNR
COMP	9			20	OUTNR
GVDD	10			19	OUTPL
PGND	11			18	BSNL
PGND	12			17	OUTNL
LX	13			16	BSPL
LX	14			15	PVDD

(c) CS83785E引脚图

引脚	说明	I/O	功　能	引脚	说明	I/O	功　能
1	INPR	输入	右声道音频输入正端				
2	INNR	输入	右声道音频输入负端	16	BSPL	输入	左声道正输出上管自举
3	INPL	输入	左声道音频输入正端	17	OUTNL	输出	左声道音频输出负端
4	INNL	输入	左声道音频输入负端	18	BSNL	输入	左声道负输出上管自举
5	NCN	输入	防破音控制引脚	19	OUTPL	输出	左声道音频输出正端
6	CTRL	输入	关断控制,升压和扩频模块控制	20	OUTNR	输出	右声道音频输出负端
7	AGND	地	模拟地	21	BSNR	输入	右声道负输出上管自举
8	ILIMIT	输入	电流限制引脚	22	OUTPR	输出	右声道音频输出负端
9	COMP	输入	外部补偿引脚	23	BSPR	输入	右声道正输出上管自举
10	GVDD	电源	上管栅驱动电压	24	PVDD	电源	功率电源端
11	PGND	地	功率地	25	NC	—	空脚
12	PGND	地	功率地	26	NC	—	空脚
13	LX	输入	开关切换引脚,连接外部电感器	27	NC	—	空脚
14	LX	输入	开关切换引脚,连接到外部电感	28	NC	—	空脚
15	PVDD	电源	功率电源端	29(散热片)	PGND	地	功率地

(d) CS83785E引脚功能说明

(e) CS83785E成品功放PCB板

图　2-4-13(续)

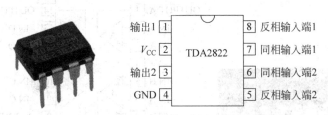

输出1	1		8	反相输入端1
V_{CC}	2	TDA2822	7	同相输入端1
输出2	3		6	同相输入端2
GND	4		5	反相输入端2

图 2-4-14　小功率双通道集成功放 TDA2822 及引脚图

图 2-4-15 所示。

2.4.3　电路安装与调试要点

对任何一件电子产品都有个定位的问题,其中一个要考虑的因素是使用场合,因为这涉及到元器件型号和电源种类的选择。就本项目而言,使用场合有两种,即室内固定使用和室外移动使用。使用场合不同,设计时要素的取舍会有所不同。室内使用的有源音箱各种指标设计可以取最佳方案,但室外使用的便携式有源音箱必须要考虑的是在电池供电的情况下,主要元器件应当具有低电压和低功耗特性。低压可以减少电池的使用量,低功耗可以延

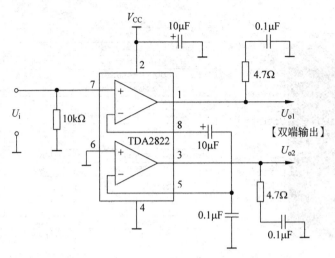

图 2-4-15 用 TDA2822 实现的单端输入转双端输出电路

长电池的续航能力。

方案一：计算机用有源音箱。在室内条件下可以采用交流供电，功放可以采用模拟型 (AB 类)，扬声器可以选用大口径，音箱可以采用木质等。

主要元器件选择：四运放 TL084(高输入阻抗，工作电压 36V 或 ±18V)；功放 TDA2003(输出功率 10W，工作电源 8～18V)。

方案二：便携式有源音箱。采用锂电池供电，功放采用数字型(D 类)，扬声器可以选用小口径但具有高解析度的全音频扬声器，音箱可采用复合材质等。

主要元器件选择：四运放 LM324(低压低功耗，工作电压 3～32V 或 ±16V)；功放 TDA8932(输出功率 35W，工作电源 8～24V)TL084 与 LM324 的引脚功能相同，如图 2-4-16 和图 2-4-17 所示。

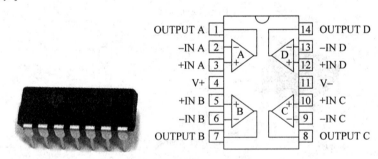

图 2-4-16 四运放 LM324

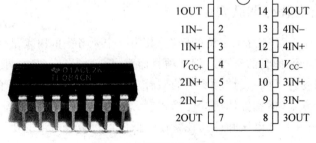

图 2-4-17 四运放 TL084

下面只讨论方案一的安装与调试。在安装调试前,还需对影响供电稳定性的因素进行分析并采取应对措施。在一个系统中电源会向不同的负载供电,负载电流有大有小(功率级是大电流负载,前置级和输入级是小电流负载),而且是动态变化的,如扬声器发声的强弱变化就是由于电流大小变化所致。负载电流的变化会引起直流电源电压的波动(由于电源有内阻),相当于直流电源中混入(耦合)了交流成分,尤其是功放级大电流的变化对电源稳定性影响最为严重。这种波动会影响小信号放大电路的正常工作(使静态工作点发生改变),为此要消除这种交流耦合(去耦合或退耦)。可在电源电路中加入去耦合电容对交流实施滤波,如图 2-4-18 所示。如果直流电源取 12V,即 $V_{CC}=12$V,在功放模块的电源引脚处接入 C_{46}、C_{47} 两个电容,因为电容有储能作用,会抑制电流的突变。另外,再经过一个小电阻 R 和电容 C_{48} 组成 L 形滤波后送到前置级和输入级的电源引脚,这样就能基本消除负载电流变化对电源稳定性的影响。

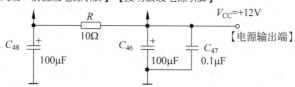

图 2-4-18　直流电源的去耦电路

(1) 电路静态调试。按图 2-4-7、图 2-4-9 和图 2-4-10 接线。单电源供电的运放为了在放大交流信号时不失真,其输出端静态偏置应设为 $\frac{1}{2}V_{CC}$。用万用表直流电压挡分别测 IC1、IC2 及 IC3 的输出端(即 1、7、8 脚),观察偏置是否为 $\frac{1}{2}V_{CC}$,如果有异常,可检查它们的 $10k\Omega$ 分压电阻接触是否良好。然后再测 TDA2003 的输出端(4 脚),此处的静态电位也是 $\frac{1}{2}V_{CC}$。在功放的静态调试中要注意功放的发热情况,此时它的发热越轻越好。

(2) 电路动态调试。动态调试就是加输入信号的调试。有条件的可以用音频信号发生器产生输入信号(麦克输入信号取 1000Hz、5mV;线路输入信号取 1000Hz、100mV),分别加在各自的输入接口处,然后通过示波器看各输出点的波形,要求不失真,幅度满足要求。调试时,要将输入接口电位器 R_{p11}、R_{p12} 和音量电位器 R_{p33} 输出量调到最大。在业余条件下,可直接用动圈麦克和 MP3 信号接入,听扬声器的声音,从音质(是否有失真)、音量(放大能力)来判断电路的工作状态。最后调节两个音调电位器 R_{p31} 和 R_{p32},感受一下音调的变化。

2.5　项目 5:十字路口红绿灯控制电路

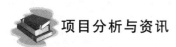 项目分析与资讯

　　城市道路是否畅通在很大程度上是受到交叉路口的制约,当路口拥有一定流量时,就必须对路口采取某种相应的控制措施才能保证交通的畅通与安全。交通信号控制的

作用就是把相互冲突的交通流在时间与空间上适当分离,以保障交叉口范围内的交通安全和充分发挥现有道路在交叉口的通行能力。交通信号控制通常采用信号灯来实现,交通信号灯分为机动车信号灯、非机动车信号灯、人行横道信号灯、方向指示灯(箭头信号灯)等。机动车信号灯一般由红、绿、黄三种颜色组成,其含义是:红灯禁行,绿灯通行,黄灯表示警告——绿灯即将结束,对已经进入交叉口的交通流应立即通过。信号灯控制系统在技术上可以由数字时序电路、可编程控制器或单片机等不同的方式来实现。随着各种信息技术的发展与应用,智能交通正在进入社会管理体系,它将会对各个交通节点的"绿信比"(指信号灯一个周期内可用于车辆通行的比例时间)进行最优化控制,一个智慧型城市的时代将会到来。

　　本项目以最基础的也是最廉价的方式用时序电路搭建一个十字路口红绿灯控制电路,从中可使初学者进一步了解到电路器件组合的多样性和趣味性。

2.5.1　电路原理框图

　　十字路口红绿灯控制实际上就是一种逻辑和时序控制。每一个信号灯点亮的时间都可以用相应的定时器来控制。如果要求信号灯点亮的顺序是:绿灯→黄灯→红灯,用三个定时器组成的原理框图如图 2-5-1 所示,这是针对一个方向的三个信号灯的逻辑时序控制。

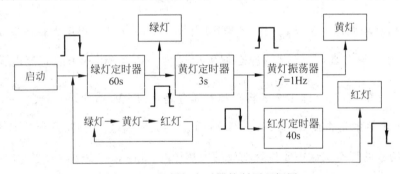

图 2-5-1　红绿灯定时器控制原理框图

　　其工作过程是:绿灯定时器先被人为启动,绿灯点亮 60s,结束后启动黄灯定时器,黄灯定时器控制一个频率为 $f=1$ 的多谐振荡器,该振荡器控制黄灯闪亮,黄灯定时器工作 3s,结束后启动红灯定时器,红灯点亮 40s,结束后再次启动绿灯定时器,进入下一个循环。这三个定时器形成闭环控制,只要一启动,就会周而复始一直运行下去。这里要注意的是每一个定时器都是在前一个定时器工作结束后才可以启动,即"脉冲后沿触发"。

　　上面我们仅分析了一个方向(假如是东西方向)三个信号灯自循环的工作情况,如果南北方向的信号灯也按照这种方式工作,即各自独立不相关联,这显然是不可以的,路口纵横两个方向交通信号灯必须协调有序地工作,为此我们要做一个规划,如表 2-5-1 所示。规划中假定南北方向为主要街道,即干线;东线方向为次要街道,即支线。干线通行时长为 87s,支线通行时长为 47s。

表 2-5-1　各定时器工作时长规划

方　　　向	主定时器 1(90s)		主定时器 2(50s)	
南—北(干线)	绿灯 87s	黄灯 3s	红灯 50s	
东—西(支线)	红灯 90s		绿灯 47s	黄灯 3s

按照这样的规划,可给出这个路口信号灯整体工作的原理框图,如图 2-5-2 所示。

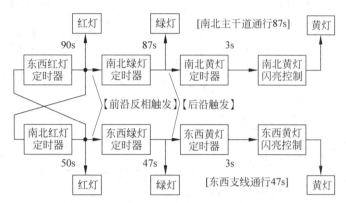

图 2-5-2　带有两个主定时器的红绿灯控制原理框图

为了做到两个方向相互关联,可把两个方向的红灯定时器接成闭环控制,并定义它们为主定时器,即东西方向红灯定时器为主定时器 1,南北方向红灯定时器为主定时器 2。和前面讨论的单一方向自循环不同的是,东西方向红灯定时器在其工作时间内要同时控制南北方向的绿灯、黄灯定时器;南北方向红灯定时器也要在自己的工作时间内同时控制东西方向的绿灯、黄灯定时器。只有这样才可以将两个方向信号灯的工作关系协调起来。

2.5.2　单元电路原理

在本项目中需要用到 6 个定时器,它们成为电路中的主角。555 电路(图 2-5-3)是模拟电路和数字电路的合成器件,因其使用上的灵活性和多变性使它可有多种用途,其中定时器是它最有特色的应用之一。

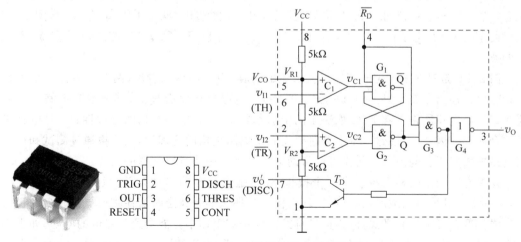

图 2-5-3　555 电路引脚及内部结构图

1. 两个主定时器自循环运行电路

由上面的分析可知,本项目的关键是解决两个主定时器自循环运行问题,让它们交替输出高电平(点亮各自的红信号灯),形成振荡状态,这样可为整个系统运行提供动力,如图 2-5-4 所示。

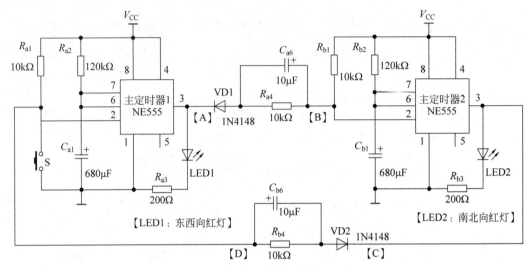

图 2-5-4　两个主定时器自循环运行电路

图中,两个 555 定时器分别表示主定时器 1 和主定时器 2,各自的输出端都接有发光二极管,分别代表东西向和南北向的红色信号灯,同时又与对方的输入端相连接形成闭环工作方式。两个定时器需要做串行连接,前者的输出作为后者的输入,看似简单,但却不能直接相连,而是在两者间插入了阻容元件和一个二极管(可称之为"三剑客"),这是为何? 为什么把一个看似简单的问题变得复杂了,这可是两个主定时器能否实现自循环运行的关键所在。原因分析:作为前者 555 定时器的输出端 3 脚在定时器被触发后的工作期间输出高电平,工作结束后返回到低电平;作为后者 555 定时器的 2 脚为触发输入端,低电平有效,这似乎刚好满足前一个工作结束后为下一个接续工作提供了输入信号。但我们大概没有注意到555 的 2 脚要求的触发信号必须短时,即脉冲触发(不是电平触发),否则会影响 555 的输出状态。插入"三剑客"既可起到"后沿触发"的作用,又能实现"低电平隔离"的作用,图 2-5-5是对此做的 EWB 电子仿真。波形图中 2 为图 2-5-4 中【A】或【C】点的波形,1 为【B】或【D】点的波形。

图 2-5-6 是对两个主定时器输出波形做的仿真,由图中可以看出,两个定时器在自循环运行时交替输出方波。以上仿真验证了图 2-5-4 电路结构是合理的,其参数基本满足工作要求。一个电路能否正常工作,取决于两个基本要素,一是电路结构的合理性;二是电路参数的合理性。因此,在搭建一个电路时要先满足电路结构的合理性,然后再通过测试和调整使电路参数趋于合理。电子仿真可以帮助解决设计上一些难以把握的问题。

在主定时器 1 的输入端装有一个按键 S,它是定时器的启动开关,只是在启动时用一次,定时器一旦被启动激活,就可以循环工作了。那么能否让定时器在接通电源时自动投入工作呢? 这个要求很有必要,因为信号灯控制设备在工作中可能会遇到停电的问题,如果再次来电时,总不能让每个路口都有一个工作人员去启动定时器吧,这个问题留给读者自己

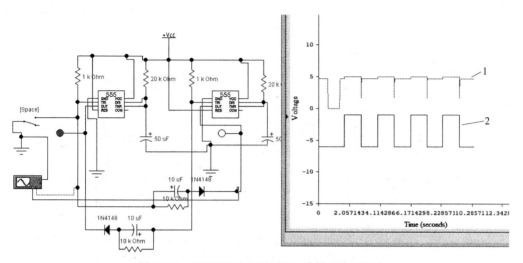

图 2-5-5 用 EWB 对"三剑客"电路做的电子仿真

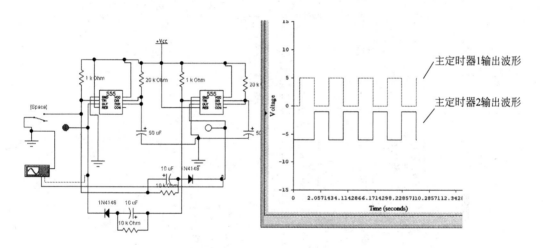

图 2-5-6 用 EWB 对两个主定时器自循环运行电路做的仿真

解决。

2. 整机原理图电路

两个主定时器能够循环运行是整个信号灯控制系统成败的关键,在此基础上可进行整机电路的设计。根据图 2-5-2 所示原理框图可知,除了两个主定时器,还需四个定时器,即两个绿灯和两个黄灯定时器,另外还需要两个用于黄灯闪亮控制的振荡器,它们都可用 555 电路来"担当"。整机电路分为两个部分,如图 2-5-7 和图 2-5-8 所示,其中 IC1 和 IC5 为两个主定时器分别设在两个电路中,安装时需将两个主定时器的 A—A 端和 B—B 端连接起来成为一个整体,形成一个在两个红灯定时器闭环运行状态下,带动绿灯定时器工作进而再带动黄灯定时器工作的控制系统。在电路中分别用红、绿、黄三种颜色的发光二极管代表信号灯。原理叙述如下。

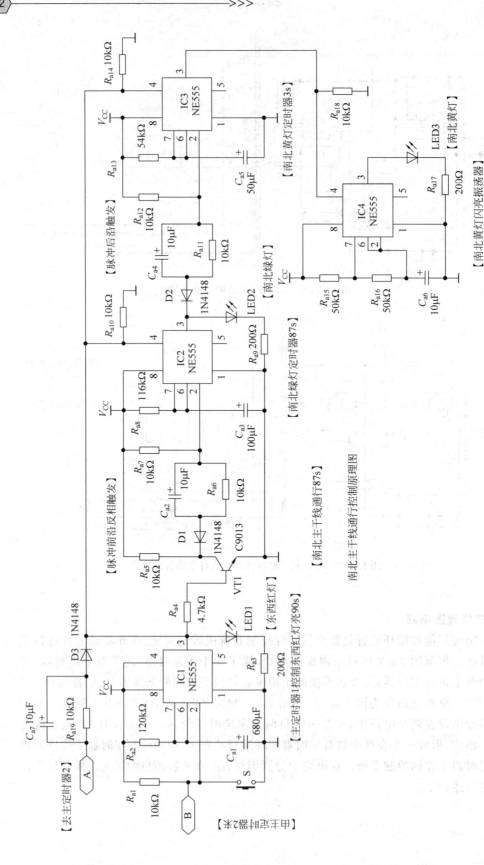

图 2-5-7　主定时器 1 控制东西向红信号灯和南北向绿、黄信号灯

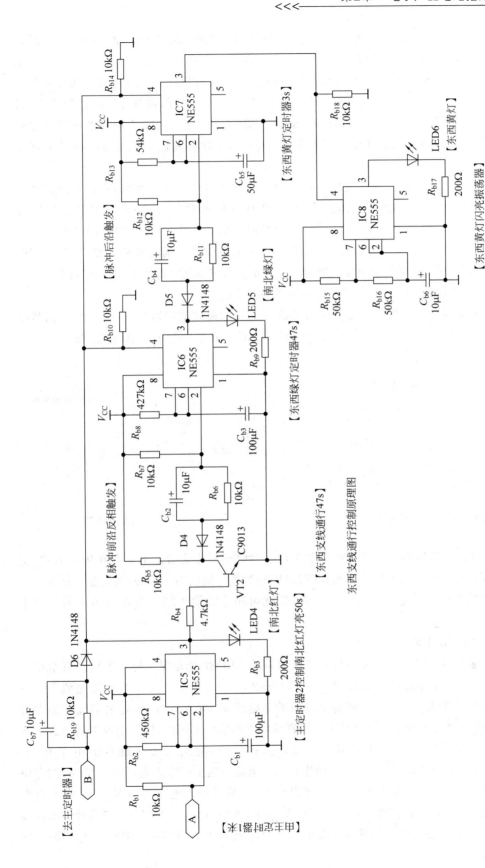

图 2-5-8 主定时器 2 控制南北向红信号灯和东西向绿、黄信号灯

（1）两个主定时器交叉控制，使东西向"禁行"与南北向"通行＋缓冲"时间保持对等。由图 2-5-7 可以看出，主定时器 1 即东西向红灯定时器一方面控制东西方向红灯，又要控制着南北方向的绿灯和黄灯，这是因为在两个方向上"禁行"和"通行＋缓冲"的时间必须是对等的，否则就会出现混乱。为了确保时间对等原则，将绿灯定时器和黄灯定时器的 4 脚（强迫复位端，低电平有效）受控于主定时器 1 的输出端，这样当主定时器 1 即东西向红灯定时器结束工作时（高电平变为低电平），绿灯和黄灯定时器也随即复位（无论它们的工作时间是否结束）。

（2）东西向红灯定时器和南北向绿灯定时器需同步启动工作。在纵横两个方向上"禁行"和"通行"信号应同时出现，为此要求在东西向红灯定时器（IC1）被触发工作的同时（LED1 红灯点亮），给南北向绿灯定时器（IC2）发出一个触发信号（使 LED2 绿灯点亮），这是通过 VT1 和 D1、C_{a2}、R_{a6} 组成的"三剑客"电路来实现的。由前面分析可知，"三剑客"电路可以产生"后沿触发脉冲"，而 IC2 需要和 IC1 同步启动，即需要"前沿触发脉冲"（图 2-5-9），这样在"三剑客"电路前加入一个三极管反相器即可实现。

（3）南北向黄灯定时器接续绿灯定时器启动工作。黄灯定时器（IC3）应在绿灯信号结束后启动工作，即需要"后沿触发脉冲"，可由 D2、C_{a4}、R_{a11}"三剑客"来实现，如图 2-5-10 所示。

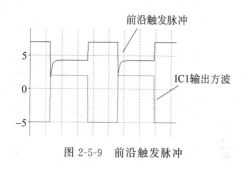

图 2-5-9　前沿触发脉冲

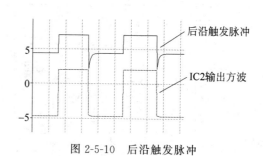

图 2-5-10　后沿触发脉冲

（4）黄灯定时器控制黄灯闪光振荡器工作。黄灯信号作为警示通常采用闪光方式，实现的方法可以用 555 电路组成的多谐振荡器（IC4）为黄灯提供（$f=1$Hz）闪光源。振荡器仅限在黄灯定时器输出高电平的时间内工作，为此可用 IC3 输出端 3 脚控制 IC4 的 4 脚来实现。

3. 信号灯驱动电路

现代交通信号灯已经开始采用具有节能效果的 LED 组合光源。每一个信号灯组用近百个 LED 发光二极管通过串并联合为一体（图 2-5-11），发光二极管的工作电流为 5～20mA，工作压降为 1.8～2V。这样每个灯组的总电流要 500～800mA，定时器输出能力有限，必须通过驱动电路为它们提供电流。用直流继电器显然不可以，因为继电器的触点不适合频繁动作，否则会增加故障率和维修成本。在这里，应当采用无触点的电子开关。TWH8778 是一种可以高速工作（频繁动作）、输出电流可达 1A（输入电压为 24V 时）的专用电子开关（图 2-5-12），它有五个引脚，1 脚为输入端，最大输入电压为 30V；2、3 脚为输出端，5 脚为使能端，高电平有效（高电平应在 6V 以下，典型值为 1.6～2V）。与信号灯组接线如图 2-5-13 所示。使用时将定时器的输出（经分压）连接到 5 脚即可。高电平时开关为导通状态,低电平时为关闭状态。

图 2-5-11 用 LED 组作为光源的信号灯

图 2-5-12 电子开关 TWH8778

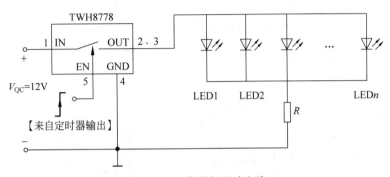

图 2-5-13 信号灯驱动电路

4．关于信号灯系统的供电

在实际应用中,为了防止信号灯负载电流变化影响到控制系统的稳定,信号灯控制系统的电源 V_{CC} 和信号灯驱动电源 V_{QC} 应是分开设置,如图 2-5-14 所示。

2.5.3 电路安装与调试要点

本项目用了 6 个 555 定时器和两个 555 振荡器,可选 8 个型号为 LM555 电路,但如果为了节省空间也可用双 555 电路,型号为 LM556,如图 2-5-15 所示。555 与 556 引脚极性对照如图 2-5-16 所示。

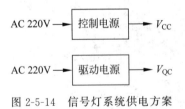

图 2-5-14 信号灯系统供电方案

图 2-5-15 集成双 555 电路 LM556

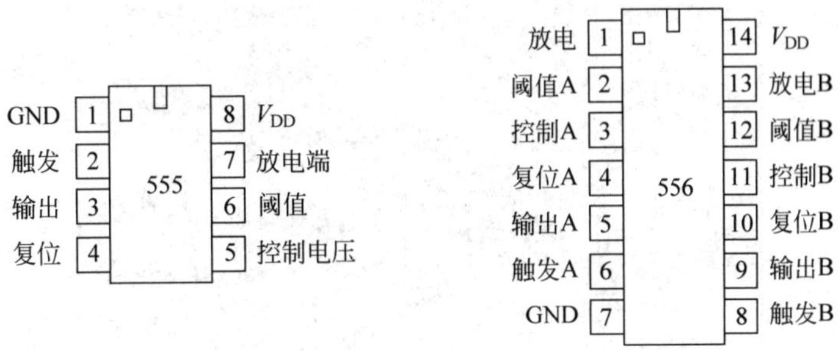

图 2-5-16 555 与 556 引脚极性对照

　　通常在新产品研制过程中要先安装一个实验电路,来对电路结构、性能和参数进行测试,以取得最佳数据。比较复杂一点的实验电路一般是在 PCB 板上进行安装。在印制板设计时,首先要确定主要元器件的位置,如主要集成器件的位置、输入/输出器件位置和电源引入位置等,然后再考虑其他元器件。在本项目中,4 个 LM556 是核心器件,它们的位置如图 2-5-17 所示。另外,为了测试方便,将 12 个信号灯 LED 也放在电路板上。图 2-5-18 是印制板全部元器件布置图,图 2-5-19 是绘制好的印制电路板图。

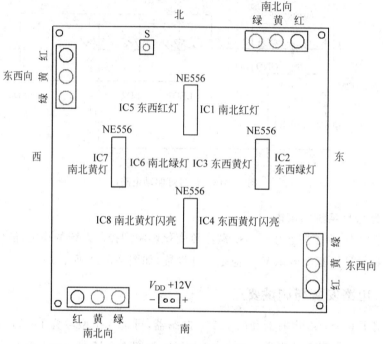

图 2-5-17　十字路口红绿灯控制电路主要元器件布置图

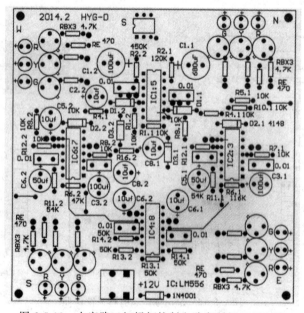

图 2-5-18　十字路口红绿灯控制电路印制板(PCB)图

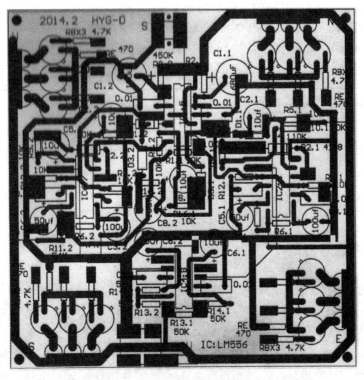

图 2-5-19 十字路口红绿灯控制电路印制板电路图

在 PCB 板上安装一般也是先从输入端开始逐级进行,最后应包括所有的"跳线"都焊接上才算安装完毕。安装及调试要点如下。

(1) 本电路的关键部分是两个主定时器能否实现自循环运行,这主要取决于每两个定时器之间信号的正确传递,在安装中要注意"三剑客"中的二极管极性不能接反,否则信号无法传递。在整机调试时,两个主定时器控制的红灯应能交替闪亮。

(2) 绿灯和黄灯定时器能否正常工作除了要注意输入信号的因素外,还要注意 555 电路 4 脚的状态,4 脚不能悬空,它在低电平时,即强迫复位,555 电路不能工作。

(3) 每个定时器的工作时长由各自的阻容元件参数决定,如果电容器有轻微漏电,会影响定时时间的准确性。如果漏电严重,定时器就无法工作。

(4) 关于 555 电路的选用。555 电路分为双极型和单极型(CMOS 型)两类,双极型有 LM555、NE555 和 LM556、NE556 等型号,输出电流为 200mA。单极型后四位以 7555 和 7556 来表示,输出电流仅为 4mA。两种类型的 555 电路原理和引脚完全相同,可以互换使用(主要参数对照如表 2-5-2 所示),但 7555 输出电流很小,不能直接为发光二极管提供电流,在这种情况下需要增加三极管担任驱动,如图 2-5-20 所示。在本电路的 PCB 板上为发光二极管设置三极管驱动。

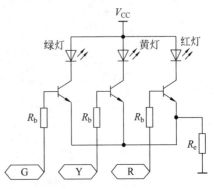

图 2-5-20 PCB 板上的信号灯驱动电路

（5）整机安装调试后，电路的工作状态如下。

南北绿灯亮 87s—南北黄灯闪亮 3s—南北红灯亮 50s。

东西绿灯亮 47s—东西黄灯闪亮 3s—东西红灯亮 90s。

表 2-5-2　CMOS 555 和双极型 555 主要参数对照

类　　型	电源电压/V	电源电流	负载能力	工作频率
CMOS 555	3～18	小	弱（4mA）	低
双极型 555	4.5～18	大	强（200mA）	高

2.6　项目 6：轿车门窗玻璃升降控制电路

项目分析与资讯

　　现代家用轿车门窗玻璃的升降早已不用手摇动手柄的方式，而是采用电动方式即用汽车蓄电池驱动小型直流电动机通过传动机构带动玻璃移动，电动机正转时带动玻璃上升，反转时带动玻璃下降。改变直流电动机转子转向的方法是通过改变电动机电枢绕组中的电流方向来实现的，也就是说，改变直流电动机转向可以通过开关切换直流电源的极性来实现，这可以用小型直流继电器或功率三极管来进行控制。电动机正反转控制信号可以用桥形开关来产生。上述要求的实现都比较容易，但有一个问题必须注意到，在玻璃上升或下降走到尽头时，电动机的转子会被闷住，这样就会出现过载现象。此时如果操控者一直在发出电动机上升或下降信号，电动机中的电流会剧增，因而出现严重过载导致电动机绕组被烧坏，这种情况绝对不允许发生，为此，电路中要有电动机过载保护电路。

2.6.1　电路原理框图

　　轿车门窗玻璃升降控制原理框图如图 2-6-1 所示，车窗玻璃升降三位开关如图 2-6-2 所示，车窗玻璃升降电动机如图 2-6-3 所示。

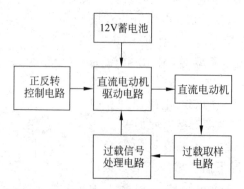

图 2-6-1　轿车门窗玻璃升降控制原理框图

图 2-6-2 车窗玻璃升降三位开关   图 2-6-3 车窗玻璃升降电动机

2.6.2 单元电路原理

1. 直流电动机正反转驱动电路

直流电动机正反转驱动电路如图 2-6-4 所示。电动机正反转驱动可通过两个继电器的触点切换电源电压极性来实现,在两个继电器线圈都不得电时,电动机为静止状态,当正转继电器线圈得电后,其触点 KA_z 动作,使电动机得电正向运转。如果在静止状态下,反转继电器线圈得电,其触点 KA_f 动作,电动机反向运转。两个继电器线圈不能同时得电。车用直流继电器如图 2-6-5 所示。

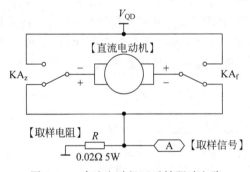

图 2-6-4 直流电动机正反转驱动电路

图 2-6-5 车用直流继电器

2. 直流电动机正反转驱动控制电路

直流电动机正反转驱动控制电路如图 2-6-6 所示。电动机正反转驱动控制就是对两个继电器线圈进行控制。控制电磁线圈经典的做法就是用三极管驱动,这里要求三极管工作在开关状态。两个三极管的饱和或截止通过一个三位开关控制。所谓三位开关,是指动触点在两个静触头之间有个静止位,静止位是个空位。使用时动触点接电源正极。两个静触点分别接两个三极管的基极。三位开关由手动控制,在不接触开关手柄的情况下,开关动触点处于中间位置,当需要控制玻璃升降时,将开关手柄搬向某一侧,相应的三极管就会饱和导通,使线圈得电,电动机开始运转,在传动机构的带动下,玻璃产生上升或下降的位移,当手离开开关

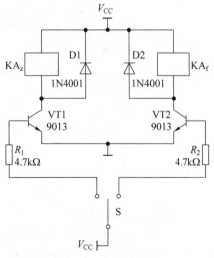

图 2-6-6 直流电动机正反转驱动控制电路

手柄时,动触点自动复位回到中间位置。

3. 过载保护电路

当车窗玻璃在上升或下降到尽头时,如果操控者的手一直不离开开关,电动机就会出现闷转现象,导致电流迅速增加,严重过载会使电动机绕组因过热而损坏,这是绝对不允许的。因此,在系统中应设有过载保护电路。过载保护电路的作用就是在电动机出现过载时,迅速切断电动机的电源回路。

1)过载取样电路

过载保护电路是在过载发生时产生保护动作,也就是说,要使过载保护电路动作,必须要有过载信号。过载是指电动机绕组的电流过大,如正常工作电流为1A,而过载时可达到6A以上。我们可以在电动机绕组回路中串联一个小阻值、大功率的电阻来获得过载信号,如图2-6-4中的电阻 R,其上的电压就可以反映出电动机的工作状态。

2)过载保护控制电路

在电动机过载的情况下,如何切断电动机的工作电源?由图2-6-4和图2-6-6可知,切断电动机电源的办法就是要断开继电器线圈的电源,也就是让处于饱和状态的三极管强迫其变为截止状态。三极管在饱和状态时其发射结的正向压降为0.7V(硅管),这时要强迫其截止,就必须将基极电位降至0.5V以下。为了达到这个目的,用另外两个三极管 VT3 和 VT4 分别控制 VT1 和 VT2 的基极电位,如图2-6-7所示。我们知道,当三极管饱和时,其饱和压降,即集电极和发射极之间的电压小于0.3V。由电路分析可知,只要 VT3 和 VT4 处于饱和状态,VT1 和 VT2 就会截止。那么现在的问题集中到了怎样使 VT3 和 VT4 饱和的问题了,这就是下面要讨论的问题。

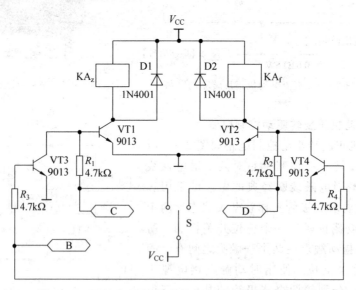

图 2-6-7　VT3 和 VT4 构成的电动机过载保护控制电路

3)过载信号处理电路

过载信号有了,过载保护控制电路也有了,现在的问题是如何对过载信号进行处理,使之变成能够使 VT3 和 VT4 饱和的控制信号。

首先,要对电动机的工作状态进行分析,通过实测取得相关数据,作为判断电动机过载的依据。电动机工作状态的数据测试有两个内容：一个是正常工作时的电流在取样电阻上的压降；另一个是过载时过载电流在取样电阻上的压降。假如电动机正常工作电流为1A，过载时为6A，取样电阻的阻值为0.02Ω，这样我们就得到电动机正常工作时，取样电阻上的压降为0.02V，过载时的压降为0.12V。

有了电动机的运行数据后，就可以利用电压比较器的功能对电动机的工作状态进行比较鉴别，然后产生过载保护控制电路的动作信号，如图2-6-8所示。

图2-6-8中，采用精密电压比较器LM339(1/4)(引脚图如图2-6-9所示)，这里以同相输入端作为给定端(阈值端)，给定电压数值要根据过载时取样电阻上的压降值0.12V来设定，这里可以将给定电压设为0.1V。当电动机正常运行时，通过取样电阻获取的电压送到电压比较器的反向输入端时，由于此时的电压远小于给定电压，根据"$U_+>U_-$，$U_O=1$"判断，故电压比较器输出应为高电平。当电动机出现过载时，即反相输入端的信号略大于0.1V时，根据"$U_+<U_-$，$U_O=0$"判断，电压比较器输出应为低电平。这个低电平就是过载保护控制电路的动作信号，但这个信号需要保持，否则会出现过载保护控制电路将电动机电源切断后，过载信号也同时消失，这样继电器触点又会动作使电动机重新得电，这种现象会反复出现，如果电压比较器输出的信号能够保持住，就可以消除上述现象。555电路在这里相当于一个RS触发器，其作用就是对过载信号进行记忆保持。在电动机过载时，比较器LM339的2脚输出低电平，刚好成为555电路2脚的输入信号(低电平有效)，使其输出端由低电平变为高电平(只要不复位可一直保持不变)，并送到VT3和VT4的基极，使它们都进入饱和状态，这样无论是VT1、VT2哪个处于饱和导通状态都会被强迫截止，使继电器线圈失电，常开触点立即断开，切断电动机的电源，防止在过载时出现电动机烧毁事故。

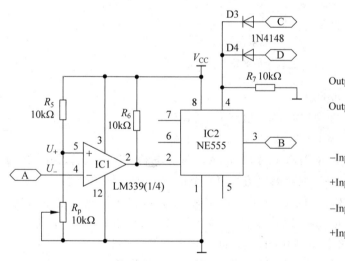

图2-6-8　过载信号处理电路

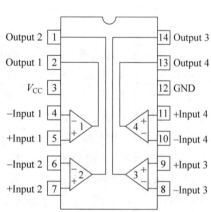

图2-6-9　精密电压四比较器LM339引脚图

最后还有一个问题就是555电路被"置1"后如何复位。555电路的2脚是"置1"输入端，如前所述。当过载信号出现后555电路被"置1"，此后如果不复位，VT1和VT2就一直处于截止状态，电动机无法再次运转。555电路复位可以通过它的6脚或4脚来实现。这里对4脚的作用进行了这样的设计：在电动机正常工作时，4脚应接高电平使555处于工作状态，由图2-6-4和图2-6-6可以看出，此时4脚的高电平是通过操作升降开关S提供的，当电动机出现过载后,555 电路被"置1",这时升降开关 S 如果归位,4 脚随即脱离高电平,由于 4 脚接有一个下拉电阻,此时相当于将 4 脚接地,这样 555 电路就被复位。图 2-6-8 中 D3、D4 起隔离作用。

图 2-6-10 为过载保护电路的工作波形,其中 A 表示过载取样信号,也即是加在比较器反相输入端的信号 U_- ,B 表示 555 电路输出端的波形,C 和 D 表示升降开关发出的电动机正、反转(玻璃上升/下降)指令。

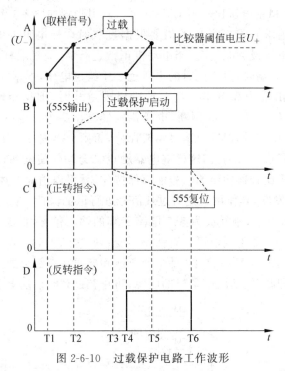

图 2-6-10   过载保护电路工作波形

过载保护电路工作波形分析如下。

在 T1 之前,升降开关 S 在中间位置时,555 电路的 4 脚由于有下拉电阻的存在,555 电路处于复位状态,即 555 输出低电平,使 VT3 和 VT4 都处于截止状态。

在 T1 时刻,若手压下使 S 倒向左侧,VT1 饱和,KA_z 得电,电动机正向运转,同时 C 为高电平,使 555 的 4 脚也升为高电平。在负载电流为正常范围时,555 仍输出低电平。

在 T2 时刻,电动机出现过载,取样信号使比较器翻转,555 被置 1 输出高电平,迫使 VT3 饱和,VT1 截止,KA_z 失电,电动机停转。此时尽管正转指令还存在,但 555 置 1 后不能自动复位,VT3 就一直处于饱和状态,VT1 也维持截止状态。

在 T3 时刻,手松开 S 使其自动复位,555 的 4 脚通过下拉电阻为低电平,555 复位,输出低电平。

在此之后,电动机反转的三个时间点上(T4、T5、T6)的情况和前述类似。

4.供电电源

汽车门窗玻璃升降控制电路的工作电源可取自汽车的蓄电池,但蓄电池也要向直流电动机和其他设备供电,工作电流变化较大,会使蓄电池输出的电压不够稳定,所以要用一个直流稳压电路来解决供电电压稳定的问题。这里用一个三端集成稳压器将蓄电池输出的

12V 电压变换为稳定的 5V 输出。供电电源如图 2-6-11 所示。

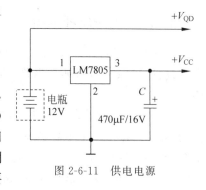

图 2-6-11 供电电源

2.6.3 电路安装与调试要点

本项目仅是轿车机电控制系统中的一个单元部分，车窗玻璃升降控制开关实际上分为总开关(中央控制)和分开关，两者线路并联。总开关由驾车者控制全部门窗玻璃的开闭，而各车门内把手上的分开关由乘客分别控制各个门窗玻璃的开闭。本电路的安装和调试主要注意以下几点。

(1)安装前，要对继电器的常开和常闭触点引脚进行确认，防止接错。

(2)取样电阻必须使用大功率、小阻值的电阻，以减小热损耗。

(3)LM339 是 OC 门输出，所以输出端必须外接一个上拉电阻(R_6)。

(4)关于电动机正常负载和过载的测试及电压比较器阈值电压的设定。测试时，电动机要安装在升降机构中使其带负载运行，先测正常负载时取样电阻上的压降(假如为 U_z)，然后用手挡住玻璃位移以阻止电动机运行，同时测量取样电阻上的压降(假如为 $U_g = 4U_z$)，据此可初步取比较器的阈值电压 $U_+ = 3U_z$ (通过调整 R_p)，然后需要在实际升降操作中反复运行几次后，最后确认该参数。

2.7 项目7：数字键盘显示电路

 项目分析与资讯

很多电子产品需要数字键盘输入及显示功能(图 2-7-1)，如电子计算器输入运算数码、手机输入电话号码等。能完成数字输入并加以显示的电路通常称为键盘显示电路。它们的整机功能虽不相同，但在数字键盘显示这部分的电路结构是类似的，实现的形式可以用"通用逻辑器件"，也可以用"可编程逻辑器件"。显示方式基本有两种形式，即 LED 数码管和 LCD 液晶屏，前者优点是显示清晰，缺点是体积大；后者的优缺点刚好和前者相反。

如要在键盘上输入一个 6，同时要求在显示屏上显示出这个 6，需经过如图 2-7-2 所示的若干环节。本项目学习如何使用通用逻辑器件搭建可以实现这个工作过程的电路，让初学者对数字电路的应用有更多的了解。

图 2-7-1 数字键盘显示装置

图 2-7-2 数字键盘显示电路工作过程

124

2.7.1 电路原理框图

假如某电子产品需要三位 LED 键盘显示装置,其原理框图如图 2-7-3 所示。它主要由数字键盘、10 线-4 线编码器电路、锁存器电路、译码器及显示器等器件组成。各部分功能说明如下。

(1) 10 线-4 线编码器电路。它是一种组合逻辑器件,用来将 0~9 十个输入的数字变换为 8421 码输出。十个数字按键的结构及产生的信号都是相同的,即按下任何一个数字键都会产生相同的电信号,不同的是,每一个数字键产生的信号送达的地方不同,因而会产生不同的输出结果,这就是组合逻辑电路"10 线-4 线编码器"所具有的功能,它可以按"位"编码。所谓按位编码,是指每一个输入位都对应一组 8421 码,如 3 号位的输出编码为 0011,7号位的输出编码为 0111。

(2) 锁存器电路。它是一种时序逻辑器件,由四个 D 触发器组成。在上一个电路中每按下一个数字键就会产生一组 8421 码,每一组 8421 码都需要四个具有记忆功能的触发器来保存,四 D 锁存器就是为此而设计的,它可以存放一组 8421 码。如果键盘输入的是 11 位手机号码,那就需要 11 个四 D 锁存器。多位数据锁存需要有序进行,否则数据的意义将发生变化,为了使锁存器能按输入信号的先后顺序完成数据的存放,需要对锁存顺序进行管理和控制。

(3) 七段译码器。它也是一种组合逻辑器件。其功能是将 8421 码转换为数码显示器所要求的电平信号,译码器一般还加入了驱动电路,可以直接点亮 LED 数码管。

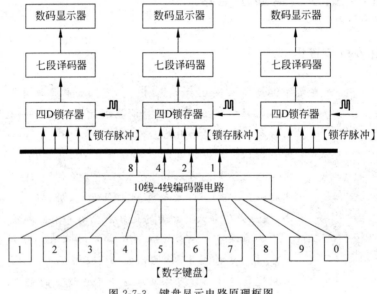

图 2-7-3 键盘显示电路原理框图

2.7.2 单元电路原理

1. 键盘输入电路

键盘按结构不同分为:机械式按键、轻触薄膜按键和电容式按键,前两种均为触点式按键。图 2-7-4 是由触点式按键组成的按键输入电路。在两种接法中,如图 2-7-4(a)所示电路输出高电平有效,如图 2-7-4(b)所示电路输出低电平有效。在使用时要根据输入器件的要求来选择。

2. 十进制转换 8421 码电路(10 线-4 线编码器电路)

有专用的集成电路可以将数字键盘输入的十进制数码转换为 8421 码,其型号为 CD40147(CMOS 型)和 74HC147(TTL 型)。CD40147 的引脚功能如图 2-7-5 所示,真值表如表 2-7-1 所示。

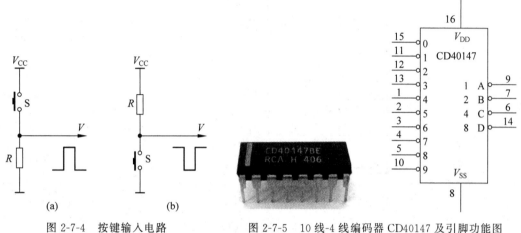

图 2-7-4　按键输入电路　　　　图 2-7-5　10 线-4 线编码器 CD40147 及引脚功能图

表 2-7-1　CD40147 真值表

$\bar{1}$	$\bar{2}$	$\bar{3}$	$\bar{4}$	$\bar{5}$	$\bar{6}$	$\bar{7}$	$\bar{8}$	$\bar{9}$	$\bar{A}$	$\bar{B}$	$\bar{C}$	$\bar{D}$	BCD 码
H	H	H	H	H	H	H	H	H	H	H	H	H	$1111(0_{10})$
×	×	×	×	×	×	×	×	L	L	H	H	L	$0110(9_{10})$
×	×	×	×	×	×	×	L	H	L	H	H	H	$0111(8_{10})$
×	×	×	×	×	×	L	H	H	H	L	L	L	$1000(7_{10})$
×	×	×	×	×	L	H	H	H	H	L	L	H	$1001(6_{10})$
×	×	×	×	L	H	H	H	H	H	L	H	L	$1010(5_{10})$
×	×	×	L	H	H	H	H	H	H	L	H	H	$1011(4_{10})$
×	×	L	H	H	H	H	H	H	H	H	L	L	$1100(3_{10})$
×	L	H	H	H	H	H	H	H	H	H	L	H	$1101(2_{10})$
L	H	H	H	H	H	H	H	H	H	H	H	L	$1110(1_{10})$

注:H 代表高电平,L 代表低电平,×代表高、低电平均可。

由 CD40147 的引脚图可知,左侧引脚为输入端,且输入低电平有效,可对应接 0~9 十个按键;右侧引脚为输出端,即 8421 码输出端,低电平有效(反码输出)。16 和 8 脚接电源。按键与 CD40147 的连接方法如图 2-7-6 所示。图中每个按键两端都并联了一个 0.1μF 电容,其作用是防止按键一次按下时可能由于存在震颤使触点产生多次接触而导致的输入错误。

3. 8421 码锁存电路

CD40147 对输入信号的响应是,数字按键(如 7)按下时,经内部处理在输出端出现对应

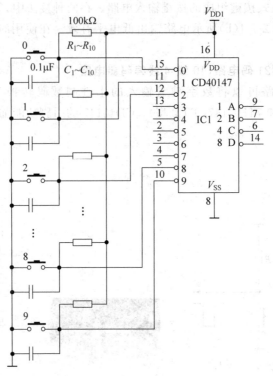

图 2-7-6　按键与 CD40147 的连接

的编码是 1000（0111 的反码），而当按键抬起时，输出数据随即消失，也就是说 CD40147 的
功能定位是只编码、不保存。保存需要另外的器件来完成，四 D 锁存器 CD4042 可以担当这
个任务，其引脚功能如图 2-7-7 所示，真值表如表 2-7-2 所示。CD4042 内部有四个 D 触发
器，D0~D3 为四个 D 触发器的输入端，用来接收 8421 码。时钟控制端 CLK 是共用的，在 6
脚（POL）为高电平的情况下，当时钟（CLK）为高电平时，8421 码可以不断地从 D0~D3 进
入没有锁存，只有当时钟变为低电平时，可完成当前数据锁存。CD4042 与 CD40147 的连接
方式如图 2-7-8 所示。

　　由于 CD40147 是反码输出，CD4042 接收的也是反码，但 CD4042 中的 D 触发器也可以
通过"非"端按原码输出，这样前面在键盘输入的 7，在 CD4042 的输出端就是 0111。

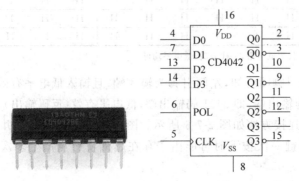

图 2-7-7　四 D 锁存器 CD4042 及引脚功能图

表 2-7-2　CD4042 真值表

CLK	POL	Q
0	0	D
⌐	0	锁存
1	1	D
⌐	1	锁存

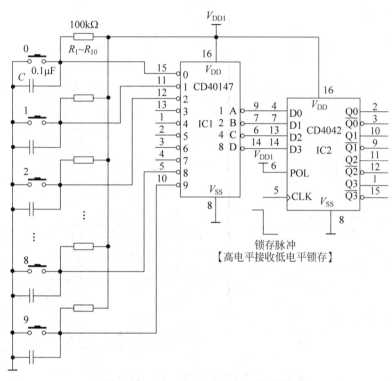

图 2-7-8　CD4042 与 CD40147 的连接

按照前面的假设,需要三位 LED 数码显示,也就是说某电子产品每次要输入三位十进制数,为此要用三片 CD4042 保存数据,且它们的输入端应当是并联关系,即可同时接收来自 CD40147 的数据,如图 2-7-9 所示。既然输入端并联在一起,那它们怎样按照先后顺序来保存数据呢? CD4042 设计的原理是在时钟脉冲为高电平时接收数据输入,即 Q＝D,但不保存,可来可走,当时钟脉冲变为低电平时,输入的数据被锁存。所以,只要按一定顺序(IC2、IC3、IC4)给三个 CD4042 依次送去(CP1/CP3/CP3)"锁存脉冲"就可以控制数据存储的位置。这里 IC2 为高位,储存第一组数据,IC4 为低位,储存最后一组数据。

4. 锁存脉冲产生电路

锁存脉冲产生电路的作用是为多个四 D 锁存器 CD4042 锁存数据时按序产生锁存脉冲(即 CP 脉冲),这里需要明确以下几点。

(1) 产生锁存脉冲的个数要与 CD4042 的个数相等。

(2) 锁存脉冲产生后需要保持(电平触发)。

(3) 锁存脉冲要按序产生,并送到指定位置。

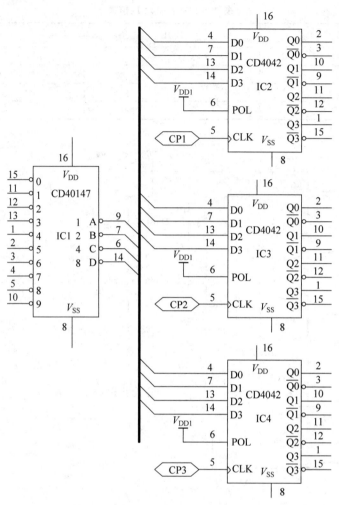

图 2-7-9　三片 CD4042 与 CD40147 的连接

（4）复位时,锁存脉冲全部消失。

按序给三片 CD4042 发锁存电平(低电平有效),用三个 D 触发器组成的移位寄存器可实现这个功能。CD40175 也是一个四 D 触发器,引脚图如图 2-7-10 所示。和 CD4042 不同的是它有复位控制端 RST,可使 D 触发器初态为 0。图 2-7-11 是它的内部结构图,用其中的三个 D 触发器组成移位寄存器也就是锁存脉冲产生电路,如图 2-7-12 所示。移位寄存器的基本原理是将三个 D 触发器串行连接,即将低一位的输出端 Q 和上一位的输入端 D 相连接,即有 Q0=D1,Q1=D2,如果令 D0=1,即 D0 接在电源正极上。这样在时钟脉冲(CLK)的作用下,根据 Q_{n+1}=D,触发器的三个输出端 Q0、Q1、Q2 会依次输出高电平,它们的"非"端则依次输出低电平,这就是三个 CD4042 所要的顺序锁存脉冲。工作波形如图 2-7-13 所示。

但新的问题又来了,CD40175 需要时钟脉冲是从哪里来的? 这个时钟脉冲是从键盘按下数字键的同时产生的,其原理如图 2-7-14 所示。

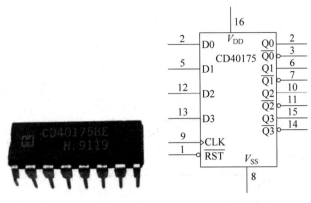

图 2-7-10 四 D 触发器 CD40175 及引脚功能图

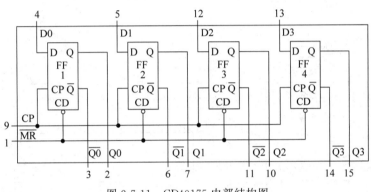

图 2-7-11 CD40175 内部结构图

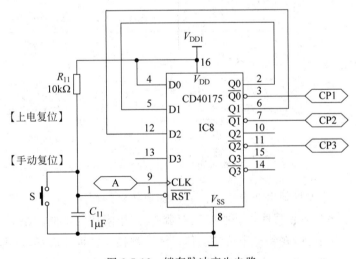

图 2-7-12 锁存脉冲产生电路

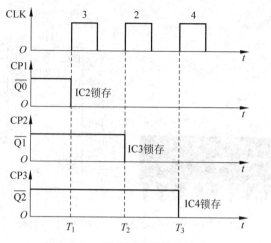

图 2-7-13　移位寄存器输出波形

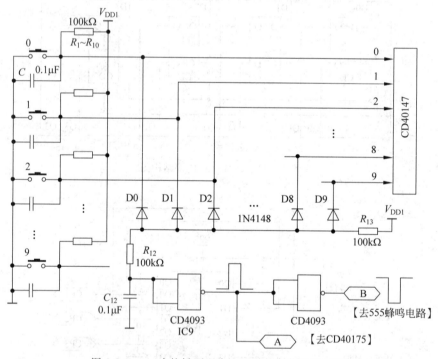

图 2-7-14　一个按键可以产生两种控制信号的电路

为了简化电路,这里只画出 3 个按键。我们知道按键的作用是产生数字信号,但在这里每个按键都附加了另外一种功能,实现"一键双雕"。这个附加的功能就是为 CD40175 产生时钟脉冲。从图中可看到,在每一个按键的信号线上都接有一个二极管,二极管的阳极连在一起,这是一个巧妙的用法,无论按下哪个按键,在二极管的阳极端都可以由高电平变为低电平,而按键之间互不影响,二极管在这里既起到"或门"的作用,又起到隔离的作用。在二极管的阳极电位由高变低时会通过电阻、电容及施密特反相器等组成的充放电及整形电路产生时钟脉冲,其原理是:在没有按下数字键时,电容 C_{12} 通过 R_{12} 和 R_{13} 充电,电容的上端为高电平,通过 CD4093 反相变为低电平,即 A 端此时为低电平;当按下某个数字键时,电容 C_{12} 通过对应的二极管对地放电,电容的上端瞬间变为低电平,经过 CD4093 反相,使 A 端变为高电平,当手离开按键后,电容 C_{12} 会再次充电,A 端又恢复到低电平,也就是说,每当按下一个按键时都会在 A 端产生一个矩形脉冲(CD4093 还具有整形作用),这就是 CD40175 所需的时钟脉冲。在图 2-7-14 中,假如需要按下 3、2、4 三个按键,在 A 端就会产生三个脉冲 CLK,如图 2-7-13 所示,这三个脉冲加到图 2-7-12 中 CD40175 的时钟输入端上,在其输出端就会依次输出 CP1、CP2、CP3 三个锁存脉冲,用于 IC2、IC3、IC4 分别对 3、2、4 的锁存。CD4093 外形及引脚如图 2-7-15 所示。

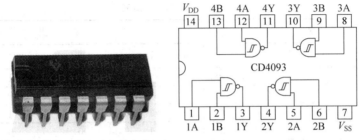

图 2-7-15 四与门施密特反相器 CD4093 外形及引脚图

5. 七段译码及显示电路

七段译码及显示电路如图 2-7-16 所示。七段译码器 CD4511(图 2-7-17 和表 2-7-3)可以将 CD4042 输出的 8421 码变为输出端的七种状态,这七种状态可使 LED 数码管(图 2-7-18)对应段被点亮,数码管显示的结果应和输入的数字一致。CD4511 输出高电平有效,所以需要选用共阴极数码管。

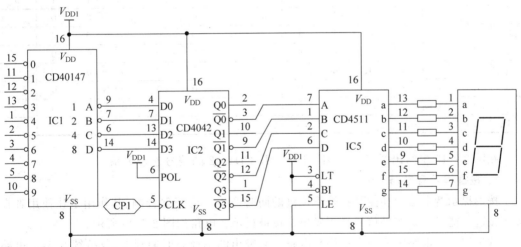

图 2-7-16 CD4042 与 CD4511 的连接

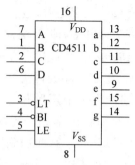

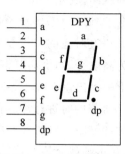

图 2-7-17　七段译码器 CD4511 及引脚图　　　　图 2-7-18　LED 数码管

表 2-7-3　CD4511 真值表

LE	$\overline{BI}$	$\overline{LT}$	D	C	B	A	a	b	c	d	e	f	g	显示
×	×	0	×	×	×	×	1	1	1	1	1	1	1	B
×	0	1	×	×	×	×	0	0	0	0	0	0	0	
0	1	1	0	0	0	0	1	1	1	1	1	1	0	0
0	1	1	0	0	0	1	0	1	1	0	0	0	0	1
0	1	1	0	0	1	0	1	1	0	1	1	0	1	2
0	1	1	0	0	1	1	1	1	1	1	0	0	1	3
0	1	1	0	1	0	0	0	1	1	0	0	1	1	4
0	1	1	0	1	0	1	1	0	1	1	0	1	1	5
0	1	1	0	1	1	0	0	0	1	1	1	1	1	6
0	1	1	0	1	1	1	1	1	1	0	0	0	0	7
0	1	1	1	0	0	0	1	1	1	1	1	1	1	8
0	1	1	1	0	0	1	1	1	1	0	0	1	1	9
0	1	1	1	0	1	0	0	0	0	0	0	0	0	
0	1	1	1	0	1	1	0	0	0	0	0	0	0	
0	1	1	1	1	0	0	0	0	0	0	0	0	0	
0	1	1	1	1	0	1	0	0	0	0	0	0	0	
0	1	1	1	1	1	0	0	0	0	0	0	0	0	
0	1	1	1	1	1	1	0	0	0	0	0	0	0	
1	1	1	×	×	×	×	*							*

在图 2-7-19 中给出了三片 CD4511 与三片 CD4042 的信号连接关系。

6. 按键提示音电路

按键提示音电路的功能是在按下按键的同时产生一个短促音响,其作用是让使用者在按下按键时能够确认按键信号是否发出。按键提示音电路如图 2-7-20 所示。

这里用 555 电路组成一个单稳态电路。它输出的单稳态时间很短,仅持续 0.5s。电路中的蜂鸣器是一种有源发音器件(图 2-7-21),接上 5V 电源就能发音。当 555 电路输出高电平时就相当于给它接通电源,由于 555 电路输出高电平只能维持 0.5s,所以蜂鸣器只能发出很短暂声音。555 电路的输入信号也是从锁存脉冲产生电路(图 2-7-14)中产生。因为 555 电路的 2 脚输入要求低电平有效,故需要对 A 端的脉冲信号反相变为 B 端信号才可以使用。

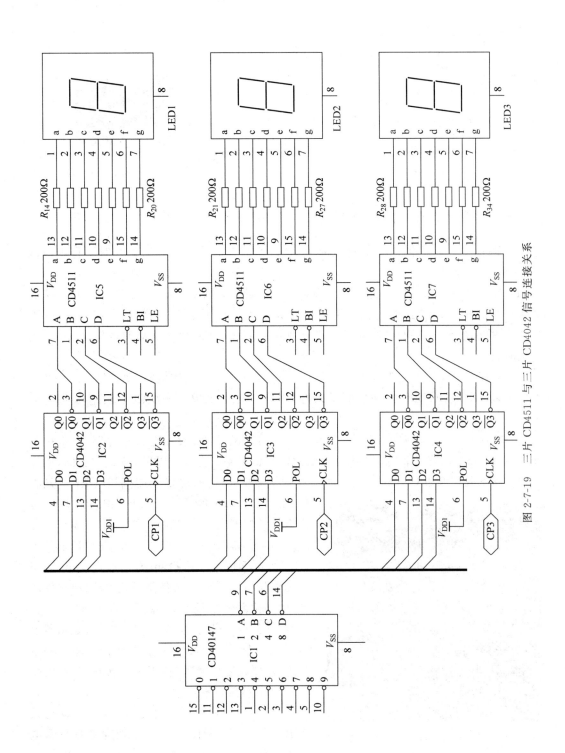

图2-7-19 三片CD4511与三片CD4042信号连接关系

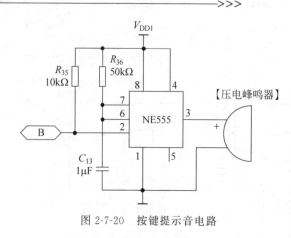

图 2-7-20 按键提示音电路

图 2-7-21 压电有源蜂鸣器

2.7.3 电路安装与调试要点

本电路有多个同类器件,安装接线时容易混淆,故在连接每一根数据线时要仔细辨认"来龙去脉"。

(1) 数字键与 CD40147 电路的安装及调试。按键要有数字标识,按数字与 CD40147 的输入端进行"对号入座"式的连接。调试时要看输入与输出是否一致,可在某一按键(如 3 键)按下的状态下,用万用表直流电压挡分别测 D、C、B、A 四个输出端的电位,应为 1100 (反码输出)。

(2) 锁存器与译码器的正确连接。在 CD4042 与 CD4511 的连接时,要注意 CD4042 是用"非"端输出,即将 CD40147 输出的反码再"非"一次变为原码,因为 CD4511 需要用源码输入。

(3) 锁存脉冲产生电路的调试。在调试 CD40175 电路时,要结合键盘电路,每次按下三个按键,CD40175 的三个"非"输出端会依次输出低电平。另外,在两次测试的中间,要注意用复位按 S 键复位。CD40175 输出的三个锁存脉冲送达的位置不能搞错,CP1 就是去 IC2 的 CP1 端;CP2 是去 IC3 的 CP2 端;CP3 是去 IC4 的 CP3 端。

(4) 整机调试。从通电开始,数码管全部为 0 显示,按下按键 3 后抬起,有提示音发出,同时数码管最高位显示 3,再按下按键 6,同样有提示音,中间位数码管显示 6,最后按下按键 7,有提示音,最低位数码管显示 7,此时数码管显示器上显示 367,如图 2-7-22 所示。如要再次输入一组数码,需要先复位清零,按下复位按键 S,数码管显示 000,然后可重新输入。

图 2-7-22 所示为键盘显示电路功能测试 PCB。图 2-7-23 和图 2-7-24 分别为键盘显示电路的译码及显示部分 PCB 和控制部分 PCB。

图 2-7-22 键盘显示电路——功能测试 PCB

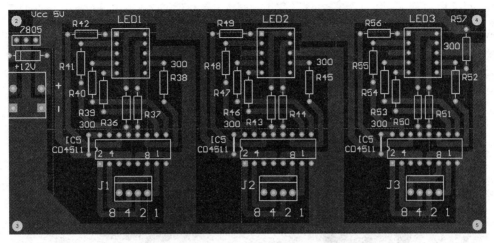

图 2-7-23　键盘显示电路——译码及显示部分 PCB

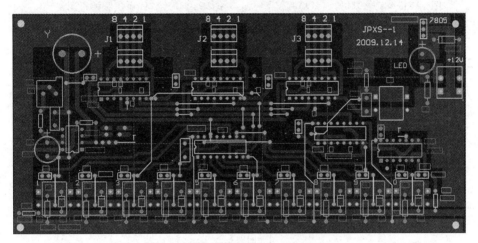

图 2-7-24　键盘显示电路——控制部分 PCB

2.8　项目 8：人体心率/心律测量电路

 项目分析与资讯

　　心脏是人体的重要器官，它是全身血液的泵站，负责向身体的各个部位输送养分。心脏工作起来"非常敬业"，在正常情况下它不会停歇，也不会怠倦，但是，在人体出现某些问题时，心脏就会出现异常反应，比如出现心率过速或过缓，或者出现"偷停"即心律不齐等现象。生命是宝贵的，每个人都需要提高自我保健意识，医学专家经常提醒人们对于疾病要做到早发现、早治疗。目前已经有多个品牌的保健类测试心率等多参数家用检测仪面市（图 2-8-1 和图 2-8-2），可供人们选择使用，而且质量越做越精良，价格也比较平民化。但对于正在学习的学生来说，如果能从专业学习的角度运用已学知识尝试制作一台属于自己的心率/心律测量装置，会更加有意义。

心率和心律虽同音,但代表的意义却不相同。心率指心脏每分钟跳动的次数,心率可因年龄、性别、生理因素等影响而存在个体差异。正常心率范围:健康成年人的心率为 60～100 次/分钟,大多数为 60～80 次/分钟。心律指心跳的节奏,健康的心律应该是十分均匀的。

　　本项目学习用通用器件搭建一个测试心率和心律的电路,基本要求是:从手指获取脉搏信号,心率用三位 LED 数码管显示,心律用直流电压表头指针的摆动来呈现。

图 2-8-1　指夹式脉搏血氧检测仪

图 2-8-2　手腕式血压脉搏检测仪

2.8.1　电路原理框图

人体心率/心律测量电路原理框图如图 2-8-3 所示。

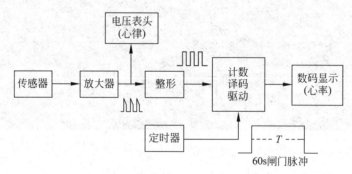

图 2-8-3　人体心率/心律测量电路原理框图

各部分说明如下。

　　(1) 传感器。获取人体心脏搏动信号的方法可以有两种途径:一种是利用压力传感器将脉搏的跳动变换为电信号,这可以用廉价的压电陶瓷片来实现,压电陶瓷片具有压电效应,它具有两个电极,当外力作用在两个极上时,两极间会产生一个微弱的电场;另一种是用发光二极管和光敏电阻组成的光电传感器将手指血流量的涌动变换为电信号,人体内各部分血液在心脏的作用下有规律地涌动,这个涌动会引起血液浓度的变化,将人的手指放在发光二极管和光敏电阻之间时,发光二极管发出的光可以透过手指照射到光敏电阻上,由于血液涌动产生血液浓度的变化使透光的强弱也随之变化,这样光敏电阻的阻值就随之变化。

　　(2) 放大器。以上两种传感器产生的信号都很微弱,一般需要两级放大才能达到可利用的程度。

　　(3) 电压表头。从传感器产生的信号可以获得三种信息:一是心脏搏动的频率;二是心脏搏动的节律;三是心脏搏动的力度。将一个小型直流电压表头接在放大电路的输出端上,可以观察到心脏搏动的节律和力度,从电压表的指针往返摆动的轨迹可以了解心脏搏动的节律,从表针摆动的幅度大小可以了解心脏搏动的强度。

（4）整形电路。由传感器产生的脉动信号不适合直接用在数字电路中,因为这种脉动信号的波形不规整,数字电路不容易识别,所以要用整形电路对其整形,变成标准的矩形脉冲。

（5）计数、译码及驱动电路。测心率就是要对心脏的搏动进行计数统计。因为十进制计数器是以二进制数码来表示的,所以要经过译码才能显示十进制。译码电路输出的电流很有限,不能直接驱动 LED 数码管,要通过驱动电路才可以。

（6）定时器。心率是指在单位时间内心脏搏动的次数,通常单位时间取 60s,所以对计数器的计数要限制在 60s 内,这样就需要一个定时电路产生一个 60s 宽的脉冲去控制计数器的计数时间。

2.8.2　单元电路原理

1. 光电传感器及放大电路

光电传感器及放大电路如图 2-8-4 所示。光电传感器由发光二极管、光敏电阻和电阻 R_1、R_2 组成,其中发光二极管应选用红色超亮型的。光敏电阻的亮阻为 3kΩ 左右,暗阻为 12kΩ 左右。光敏电阻与电阻 R_2 产生分压作用,这样当发光二极管发射出的光线穿过手指产生变化时,光敏电阻阻值会随之变化,这样光敏电阻上的压降也就随之变化生成一个很微弱的脉动信号。这个脉动信号需要通过两级放大才能达到可利用的程度。放大电路采用集成四运放 LM324。

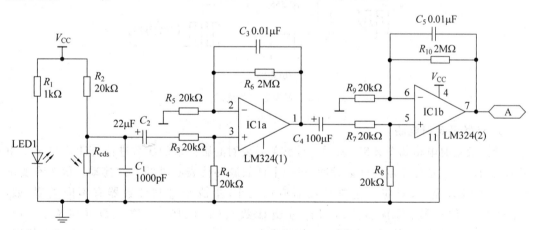

图 2-8-4　光电传感器及放大电路

2. 表头显示及整形电路

表头显示及整形电路如图 2-8-5 所示。经过电压放大后的信号分为两路:一路送到表头显示电路,通过直流电压表头的指针的摆动来显示人体心律的变化(类似心电图),在此电路中增加了积分和微分电路,微分电路可以加速表针的启动,而积分电路可以增加指针摆动后的阻尼;另一路送到由 555 电路构成的整形电路。用 555 构成的整形电路很简单,就是它的 2、6 脚连在一起作为输入端即可,555 电路的 2 脚和 6 脚分别是置 1 和置 0 端,前者低电平有效,后者高电平有效(这是它设计的巧妙之处),所以可将两个引脚连接起来使用。经过整形作用,放大电路输出的脉动信号就变成了标准的方波信号。

(a) 15V直流电压表头

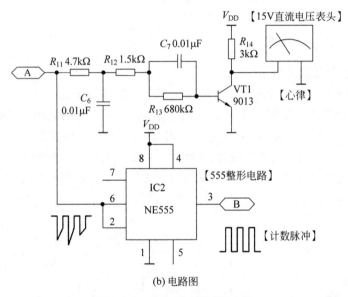

(b) 电路图

图 2-8-5　表头显示及整形电路

3. 计数及定时电路

计数及定时电路如图 2-8-6 所示。计数就是要对心脏搏动的次数进行统计,555 整形电路输出的信号就是计数器的计数脉冲,每一个计数脉冲代表心脏的一次搏动。因为有要求采用三位 LED 显示,对应十进制计数器应选三个,集成十进制计数器有不同类型,如:74LS190(一位计数、可预置 BCD 码、可逆计数)、CD40110(一位计数并带有译码)、MC14553(三位串行计数)等,前两种计数器适合在 LED 静态驱动显示的计数电路中使用,后一种计数器可以实现三位 LED 动态驱动显示,只需要一个七段译码器。如果为了减小电路板体积,可采用 LED 动态驱动显示方式。MC14553 内部含有三位串行十进制计数器,其特点有:①计数脉冲可由两个输入端引入,即 12 脚(CLK)和 11 脚(DIS),当使用 11 脚为输入时,12 脚应接高电平,此种方式下,当计数脉冲的上升沿出现时,计数器开始计数翻转(见真值表);②使能端 LE(10 脚),高电平时计数器状态不变,低电平时可以计数,利用此端可以控制计数器计数时间;③复位端 MIR(13 脚),可用于显示清零,高电平有效;④选位输出

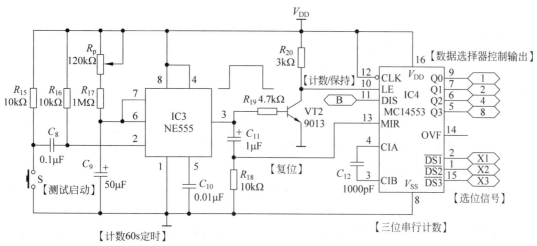

图 2-8-6 计数及定时电路

端 DS1、DS2、DS3（2、1、15 脚）为三个并联在一起的 LED 数码管提供选位信号，以保证动态显示结果的正确性。

计数器的闸门脉冲可由 555 定时器提供，通过合理选择参数 R_p、R_{17}、C_9，可获得 $T = 1.1RC = 60s$ 闸门方波。由于计数使能端 LE 要求低电平为允许计数，所以要通过 VT2 将 555 定时器输出的闸门方波反相。电路中 C_{11} 和 R_{18} 组成 MC14553 的计数自动复位电路，每次重新计数之前必须先进行复位。在每次进行脉搏测量时，都要按一下定时器的触发按钮 S，计数器才能开始计数。MC14553 引脚如图 2-8-7 所示，真值表如表 2-8-1 所示。

图 2-8-7 计数电路 MC14553 及引脚功能图

表 2-8-1 MC14553 真值表

输 入				输 出
MIR	CLK	DIS	LE	
0	↗	0	0	不变
0	↘	0	0	计数（下降沿）
0	×	1	×	不变
0	1	↗	0	计数（上升沿）
0	1	↘	0	不变

续表

输　入				输　出
MIR	CLK	DIS	LE	
0	0	×	×	不变
0	×	×	⌐	锁存
0	×	×	1	锁存
1	×	×	0	Q0＝Q1＝Q2＝Q3＝0

4．译码及动态驱动显示电路

译码及动态驱动显示电路如图 2-8-8 所示。由于计数器 MC14553 采用的是三位串行输出，只有一个 8421 码输出口（这是为动态驱动显示而设计的），所以只用一片七段译码器即可，型号为 MC14543，引脚功能如图 2-8-9 所示。LED 数码管也可选用三位一体结构的以便于接线，如图 2-8-10 所示。电路中的三个 PNP 型三极管是用来接收 MC14553 发出的位选信号。基本工作原理：MC14553 内部的三位串行计数器在计数时要分时将各位的数据

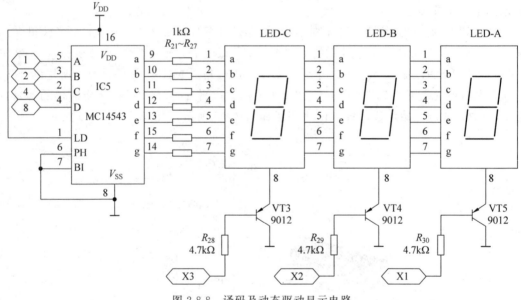

图 2-8-8　译码及动态驱动显示电路

图 2-8-9　七段译码器 MC14543 及引脚功能图

图 2-8-10　三位一体 LED 数码管（共阴）

通过输出口送到译码器的接收端,同时向显示电路发出位选信号,虽然由于三个数码管的七段线路是并联的,可同时收到译码器输出的七段电平信号,但只有接收到位选信号的数码管才可更新数据。用计数器实现心率测量的工作波形图如图 2-8-11 所示。

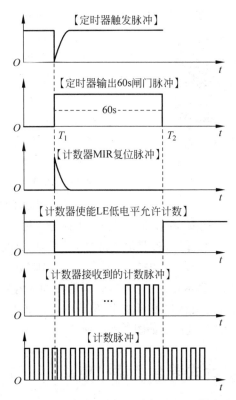

图 2-8-11　用计数器实现心率测量的工作波形图

5．供电电路

供电电路如图 2-8-12 所示。本装置的模拟电路部分是完成对微弱脉搏信号的提取和放大,因此对电压的稳定性要求高一些,而在数字电路部分,由于 LED 数码管在工作中会使电流波动较大,影响电压稳定,因此需要将两部分分开供电。模拟部分电源 $V_{CC}=9V$,数字部分电源 $V_{DD}=5V$。

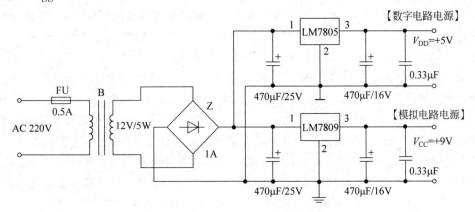

图 2-8-12　心率/心律测量电路的供电电源

2.8.3　电路安装与调试要点

（1）传感器的安装。选一个小塑料盒，如图 2-8-13 所示，将传感器中的元器件（R_1、R_2、R_{cds}、LED1）安装在一盒内的电路板上，R_{cds} 和 LED1 要上下相对安装。在小盒一侧开一个

图 2-8-13　人体心率/心律测量仪产品实物图

小孔用于导线引入，在另一侧再开一个可以插进食指的大孔。按手指可以插入的位置确定 LED1 和 R_{cds} 的上下相对位置，要做到发射面和接收面在一个垂直线上，以保证光线的接收。传感器与机壳之间采用三芯屏蔽信号电缆连接。

（2）机壳面板安装。机壳面板需要安装 LED 数码管、直流电压表头及测试启动按键。

（3）心律的测试。通电后，红色发光二极管应点亮，在静态时，电压表头的指针应停留在靠近 V_{CC} 的位置，然后将手指插进小盒手指孔内，看直流电压表头指针的变化，正常情况下指针会做有规律的摆动，同时可用万用表直流电压挡测 555 整形电路的输出端，也应该有信号（计数脉冲）输出。

（4）心率的测试。将 555 整形电路输出的脉冲信号送到 MC14553 的 DIS 引脚上，按下启动按钮，观察 LED 数码管的显示情况，正常时数码管在 60s 内显示的数据会不断增加，到 60s 后，LED 数码管显示的数据被锁定不再变化，但此时电压表头的指针仍在摆动。

安装好的人体心率/心律测量仪产品如图 2-8-13 所示。

2.9　项目 9：鹦鹉学舌式语言复读机电路

 项目分析与资讯

复读机就是可以把声音存储下来并且重复播放的一种装置。它最早出现在 20 世纪 90 年代的中国，一位军人出于外语学习上的需要，在便携式磁带录放机的基础上，增加了微处理芯片、数字存储芯片后形成的多功能语言信号存取设备。它是在磁带放音的同时，将模拟信号转换为数字信号，储存在数字存储芯片中；复读状态时，再将数字存储器中的信号转换为模拟信号，通过功率放大后由扬声器还原出声音（图 2-9-1）。这在当时是一种结构上的创新，契合了广大学生学习外语的需要，许多企业抓住商机纷纷推出自己的仿效产品，但这种基于磁带模拟量播放转为数字量存储的复读机热销了若干年后又被后来者所取代，它就是全数字式语言复读机（图 2-9-2）。数字式语言复读机采用了功能更加强大的微处理器和固体语言录/放电路，它和第一代语言复读机相比，具有体积小、耗能低、无磨损等优点，而更大的亮点是增加了液晶显示，可以方便地调用下载到复读机内的语言学习课程，甚至还可以做到同步翻译和生词查询。固体语言录/放电路有不同品种，一般是按存储容量所需的时间来分类，ISD1820 是美国 ISD 公司生产的一款可以记录 20s 的录/放音集成电路。利用这款固体语言录/放音电路所具有的特点可以开发出许多小电子产品，如家用留言机、商贩用可重复播放广告的便携式扬声器、鹦鹉学舌式语言复读机等。

本项目是借助 ISD1820 语言录/放集成电路的功能,搭建一个可以像鹦鹉学舌那样的语言复读机电路。

图 2-9-1 磁带数码式复读机

图 2-9-2 全数字式语言复读机

2.9.1 ISD1820 电路基本原理

1. ISD1820 电路结构及基本功能

ISD1820 集成电路如图 2-9-3 所示,其原理电路如图 2-9-4 所示。

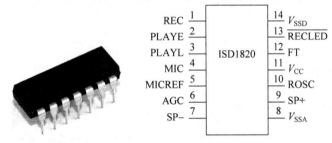

图 2-9-3 语言录/放电路 ISD1820 及引脚功能

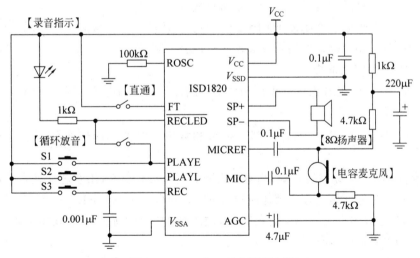

图 2-9-4 ISD1820 基本原理电路

ISD1820 内部设有话筒前置放大、自动增益控制(AGC)、滤波器、扬声器驱动电路和 Flash 模拟存储阵列等。图 2-9-5 是市面所售用 ISD1820 组装的可用于产品开发的录放电路板。

图 2-9-5　ISD1820 录放电路板

ISD1820 具有录音、放音、循环放音和直通等功能。

(1) 录音。按下录音键 S3(REC 接高电平)可实现录音。该芯片采用了音频电平直接存储技术,即每个采样值直接存储在芯片内存储器中,因此能够非常自然真实地再现语言和音乐的声音。避免了一般的固体录音电路因量化和压缩造成的量化噪声和"金属声"。

ISD1820 的录音时长与 ROSC 端外接电阻有关,外接电阻大小决定了录音时的采样频率,对声音电平采样频率越高,采样的数据越细化,也越精准,但占用存储空间大,录音的时长就相对要短些。表 2-9-1 给出了不同采样频率时对应的录放时间。使用时可通过调整外接电阻来确定录放时间。

表 2-9-1　采样频率与录放时间的关系

ROSC/kΩ	时间/s	采样频率/kHz	带宽/kHz
80	8	8.0	3.4
100	10	6.4	2.6
120	12	5.3	2.3
160	16	4.0	1.7
200	20	3.2	1.3

(2) 放音及循环放音。按下放音键 S1、S2(PLAYE 瞬间接高电平或 PLAYL 持续接高电平)可将储存在芯片内的音频信号通过内部驱动放大后送到扬声器上实现放音。循环放音是指将循环放音开关闭合后实现的不断重复放音。

(3) 直通。直通是指将直通开关闭合后,由麦克转换出的音频信号进入芯片后,不经存储直接送到内部的功放驱动电路上放大,并通过扬声器放音。

2. ISD1820 引脚功能描述

(1) 电源(V_{CC})。芯片内部的模拟和数字电路使用的不同电源总线在此引脚汇合,这样可以使噪声最小。

(2) 地线(V_{SSA}、V_{SSD})。芯片内部的模拟和数字电路的不同地线分别汇合在这两个引脚。

(3) 录音(REC)。录音控制端,高电平有效,只要 REC 变高(不管芯片处在节电状态还是正在放音),芯片即开始录音。录音期间,REC 必须保持为高。REC 变低或内存录满后,录音周期结束,芯片自动写入一个信息结束标志(EOM),使以后的重放操作可以及时停止。然后芯片自动进入节电状态。

(4) 边沿触发放音(PLAYE)。放音控制端,此端出现上升沿时,芯片开始放音。放音持续到 EOM 标志或内存结束,之后芯片自动进入节电状态。开始放音后,可以释放 PLAYE。

（5）电平触发放音（PLAYL）。放音控制端，此端从低变高时，芯片开始放音。放音持续至此端回到低电平，或遇到 EOM 标志，或内存结束。放音结束后芯片自动进入节电状态。

（6）录音指示（$\overline{\text{RECLED}}$）。处于录音状态时，此端为低，可驱动 LED。此外，放音遇到 EOM 标志时，此端输出一个低电平脉冲。此脉冲可用来触发 PLAYE，实现循环放音。

（7）话筒输入（MIC）。此端连至片内前置放大器。片内自动增益控制电路（AGC）控制前置放大器的增益。外接话筒应通过串联电容耦合到此端。

（8）自动增益控制（AGC）。AGC 动态调整前置增益以补偿话筒输入电平的宽幅变化，使得录制变化很大的音量（从耳语到喧嚣声）时失真都能保持最小。

（9）扬声器输出（SP＋、SP－）。这对输出端可直接驱动 8Ω 以上的扬声器。单端使用时必须在输出端和扬声器之间接耦合电容，而双端输出既不用电容又能将功率提高至 4倍。

（10）直通模式（FT）。此端允许接在 MIC 输入端的外部语音信号经过芯片内部的AGC 电路、滤波器和扬声器驱动器而直接到达扬声器输出端。平时 FT 端为低，要实现直通功能，需将 FT 端接高电平，同时 REC、PLAYE 和 PLAYL 保持为低。

3. ISD1820 的基本参数

工作电压范围：3～5V；静态电流（节电状态）：$0.5\mu A$；可录放音 10000 次；在断电情况下，信息可保存 100 年。

2.9.2　语言复读机电路结构及原理

要实现鹦鹉式语言复读需要三个部分：音频信号放大及录音启动信号产生电路、录音电平和放音电平产生电路及录/放音模块，其原理框图如图 2-9-6 所示。虽然 ISD1820 内部已有前置放大，但为了获取录音启动信号需外设一个音频放大电路。录音定时器和放音定时器可分别产生录音控制和放音控制信号，而且后者受前者控制，即当录音结束后紧接着开始放音，形成鹦鹉学舌的效果。

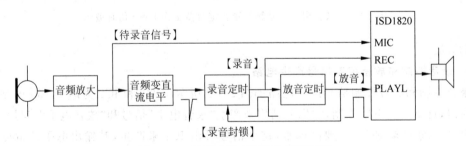

图 2-9-6　鹦鹉式语言复读机原理框图

1. 音频信号放大及录音启动信号产生电路

音频信号放大及录音启动信号产生电路如图 2-9-7 所示。

声音通过麦克转换为音频信号经过 VT1 放大后分成两路信号，一路（A）送到 ISD1820的 4 脚（MIC）等待录音；另一路经 D2 整流和 C_4 的滤波变为直流电平，使 VT2 由截止变为饱和，其集电极由高电平变为低电平，此信号即为录音启动信号，将它送到 IC1 定时电路的2 脚，作为 555 定时电路的触发信号。图 2-9-8 是录音启动信号触发录音定时器工作时的仿真波形。其中，下方是 VT2 集电极输出的波形，即录音启动信号；上方是录音定时器 IC1

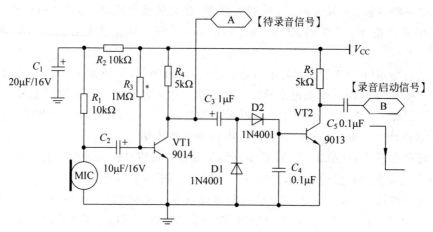

图 2-9-7　音频信号放大及录音启动信号产生电路

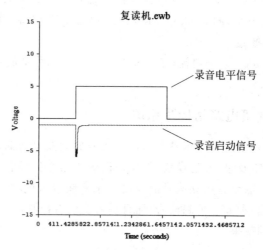

图 2-9-8　录音启动信号触发录音定时器工作 EWB 仿真波形

输出的方波。

2. 录音控制和放音控制信号产生电路

录音控制和放音控制信号产生电路如图 2-9-9 所示。IC1 和 IC2 为两个 555 电路构成的定时器,且 IC2 受 IC1 控制,它们分别用来产生"录音电平"信号和"放音电平"信号。录音时 ISD1820 的 1 脚(RCE)需要高电平,这个信号可由 IC1 来产生,其输出电平的宽度可在 8～20s 范围内。在 IC1 录音电平信号结束的同时,利用脉冲的下降沿,通过 D3、C_7、R_9 组成的"三剑客"电路,为放音定时器 IC2 提供触发信号,IC2 输出的放音电平信号送至 VT4 的基极使 ISD1820 进入放音状态。在放音期间要禁止录音,所以可以让 IC2 输出的放音电平同时控制 IC1 的 4 脚(555 复位端),使 IC1 的 4 脚在放音期间保持低电平,实现录音封锁。为此引入 VT3,IC2 输出的高电平信号控制 VT3 的基极使其饱和,VT3 工作在开关状态,饱和时其集电极电位接近 0V。

3. 录/放音模块电路

根据图 2-9-4 给出的录/放音集成电路 ISD1820 的基本原理,为实现本项目录/放音的

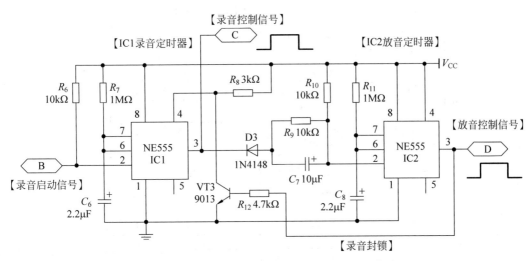

图 2-9-9 录音控制和放音控制信号产生电路

要求,给出如图 2-9-10 所示电路。由图可知,ISD1820 的 10 脚(ROSC)外接 100kΩ 电阻,可将录放时间设定为 10s。在录音状态时,其 1 脚(REC)接收到来自录音定时器 IC1 输出的高电平信号,此时 13 脚($\overline{\text{RECLED}}$)由高变为低电平,使 LED 点亮(录音指示),当录音结束即 1 脚(REC)恢复低电平时,13 脚又变回到高电平,LED 熄灭;此时当 VT4 的基极接收到放音定时器 IC2 输出的高电平信号使其饱和导通时,13 脚的高电平被引到 3 脚(PLAYL),使电路进入放音状态。

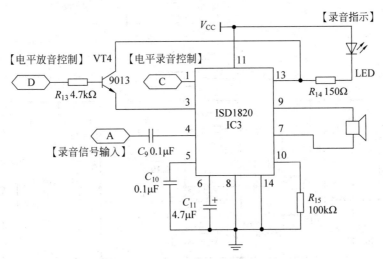

图 2-9-10 录/放音模块电路

通过上面的分析可知,语言复读电路在通电后应处于等待录音状态,此时如果对着麦克说话,语言复读电路在两个定时器的控制下自动完成录音和放音过程,就像鹦鹉学舌一样。每次放音结束后,电路又回到初始状态等待再次录音和放音。鹦鹉式语言复读机整机电路如图 2-9-11 所示。

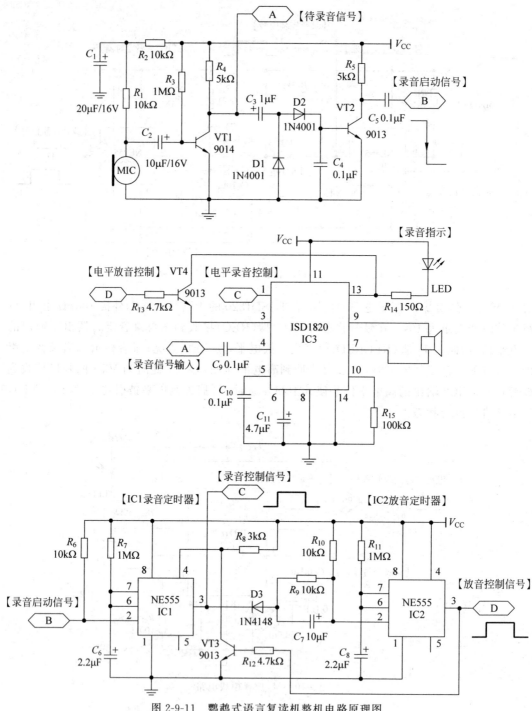

图 2-9-11　鹦鹉式语言复读机整机电路原理图

2.9.3　电路安装与调试要点

（1）对 ISD1820 进行功能的测试。通常在使用以往未接触过的集成芯片时，都要先进行功能测试，以便做到正确应用。对 ISD1820 的功能测试就是按图 2-9-4 所示电路安装并对录音、电平放音、边沿放音及循环放音等功能进行测试，观察录音时长，倾听放音效果。安装时注意麦克尽量靠近集成电路的引脚处安装,以减小干扰信号的进入。

(2) 对音频信号放大及录音启动信号产生电路的测试。图 2-9-7 电路的主要作用是在录音的第一时间产生录音启动信号。可通过用万用表直流电压挡测 VT2 集电极的电位有无变化来判断:静态时集电极为高电平;动态即录音的声音刚一出现时,集电极电平迅速由高变低,此变化即为录音启动信号。

(3) 对录音电平和放音电平的测试。录音电平和放音电平分别是录音和放音的触发信号,分别由 IC1、IC2 两个定时器产生(图 2-9-9)。先测试静态,即在通电后用万用表直流电压挡测试 IC1 和 IC2 输出端电位,正常时都应为 0V。然后动态测试,用一段导线将 IC1 的输入端对地短接一下,IC1 的输出应立即变为高电平,维持大约 10s 后又恢复到低电平(录音结束),与此同时 IC2 输出电平由低变高,维持一段时间后回到低电平(放音结束)。由于 IC2 的输出控制着 IC1 的 4 脚,所以在 IC2 输出高电平期间,如对 IC1 再次触发,它的输出端也不会变为高电平。

(4) 整机电路测试。将图 2-9-7、图 2-9-9、图 2-9-10 三个单元电路对应端连接起来进行录音和放音测试,如图 2-9-11 所示。接通电源后,可反复对着麦克说话约 10s 进行录音,停止后看是否随即有鹦鹉学舌式的放音。

ISD1820 可以直接推动扬声器,但音量较小(30mW 以下),如果需要更大的音量输出,可以外加集成功率放大器。需要注意的是,ISD1820 的扬声器输出端(SP＋、SP－)是采用平衡式输出方式,如果采用单声道功放集成电路,ISD1820 输出的语音信号由 SP＋或 SP－的一端通过耦合电容送到功放的输入端,另一端必须悬空,不能接地。集成功放最好选用 D 类功放,可以节省电池的能量。

可参考图 2-9-12 和图 2-9-13 介绍的单声道 D 类功放 LTK5128 功率模块,使用 5V 电源时输出功率可达 5W。

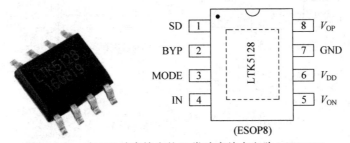

图 2-9-12　有 5W 功率输出的 D 类功率放大电路 LTK5128

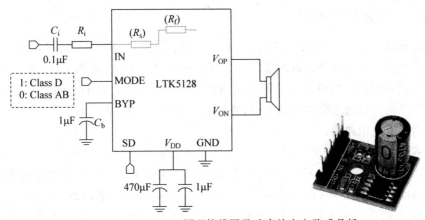

图 2-9-13　LTK5128 原理接线图及功率放大电路成品板

2.10　项目10：用编码译码器构成的多路呼叫应答系统

项目分析与资讯

　　多路呼叫应答系统是指一个主机可以根据需要选择多个分机中的一个进行呼叫应答的系统，是主机一方为主动，分机为被动的应答式对讲。这种控制方式适用在学生宿舍与传达室之间或企业的调度室与工作现场之间等场合，用于信息传达和沟通。要实现这种控制主要解决的是主机对分机的选通问题。对分机的选通可以有两种方法来实现：一种是通过开关来切换分机的地址线，如果有 n 个分机就需要 n 条地址线，如图 2-10-1(a)所示；另一种是通过编码和译码的方式，只用一条地址线连接所有分机，通过主机编码和分机译码的方式来实现选通，如图 2-10-1(b)所示。很显然，前者使用的线材多，施工费时费力，后者才是可取之道。但在 20 世纪 80 年代以前，数字及计算机技术还没有像今天这样普及，所以那时对于一般的民用产品来说，只能走低档路线。现在利用单片编译码电路或单片机技术可以很容易地解决选通问题。本项目以单片编译码电路为重点来讨论多路应答系统中的有关地址选通、单工对讲信号传送及控制的实现过程，以期望对初学者在信息与通信技术领域的入门提供一些帮助（通信技术着重于信息传播的发送技术，而信息技术着重于信息的编码或解码，以及在通信载体的传输方式）。

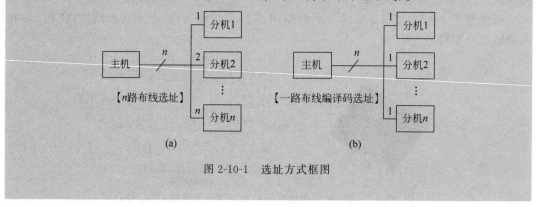

图 2-10-1　选址方式框图

2.10.1　电路原理框图

　　采用编译码的方式实现地址选通，进而达到对目标分机呼叫对讲的原理框图如图 2-10-2 所示。本系统分为主机和分机群两部分。主机由键盘显示电路、编码电路、输出驱动电路、音频放大电路及对讲控制电路和直流供电电路组成；分机群由多个相同的电路构成，每个分机由一个译码器和选通响应电路组成，分机群由主机统一供电。主机和分机群可通过带有屏蔽的信号电缆相连接。

　　重点部分：键盘显示电路已在 2.7 节项目 7 中介绍过，此处用它来输入分机地址码；编码电路 VD5026（包括译码电路 VD5028）在 1.10 节已经介绍过，此处它的作用是将键盘输入的分机地址码（二进制并行码）转换为二进制串行码输出（用一根地址线即可）；每个分机都装有译码器 VD5028，每个译码器都设有自己的地址码，当主机发出的编码信号与某个分

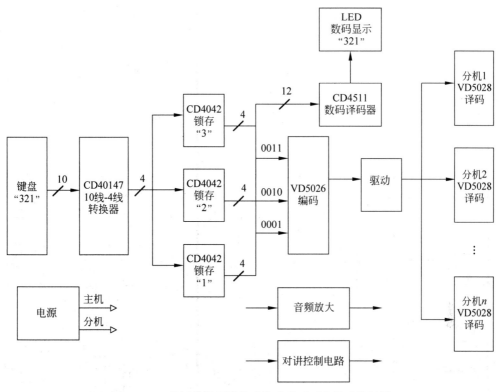

图 2-10-2　使用编译码器构成的多路呼叫应答系统框图

机地址码一致时,该分机即被选通;选通后在主机的控制下可实现单工对讲。

例如,当主机需要和一个分机通话时,可在数字键盘上输入分机的地址码,如 321,然后由 CD40147 十-四转换器变换为三组 8421 码,即 0011、0010 和 0001 并分别锁存在三个 CD4042 四 D 锁存器中,此后三组数据一方面要送到三个 CD4511 数码译码器进行译码和显示(321),另一方面送到编码器 VD5026 的地址端进行地址编码,将 12 位并行输入的数据变换为串行脉冲输出,再经过驱动电路后送到所有分机译码器的输入端上,经过译码,只有分机的地址码是 321 的才能被选通。被选通后的分机在其内部电路做出响应后便可和主机通话。

2.10.2　单元电路原理

1. 地址码输入及显示电路

在主机呼叫分机时,需要通过该电路输入分机的地址码并加以显示,以确认输入是否正确。具有此功能的电路就是在 2.7 节项目 7 中介绍过的键盘显示电路,其中键盘输入及锁存电路如图 2-10-3 所示,锁存器 CD4042 用了三个,此种情况下,一次最多可输入三位数字,最大显示数值为 999,也即可以配 999 个分机。如果主机呼叫分机的地址码是 321,在键盘上依次输入 3、2、1 即可。

2. 主机编码电路

键盘显示电路产生的三组 8421 码如果并行发送给分机是不方便的,因为需要有 12 个通道,而通过单片编码电路 VD5026 将这些数据转换成串行脉冲后仅用一个通道即可完成

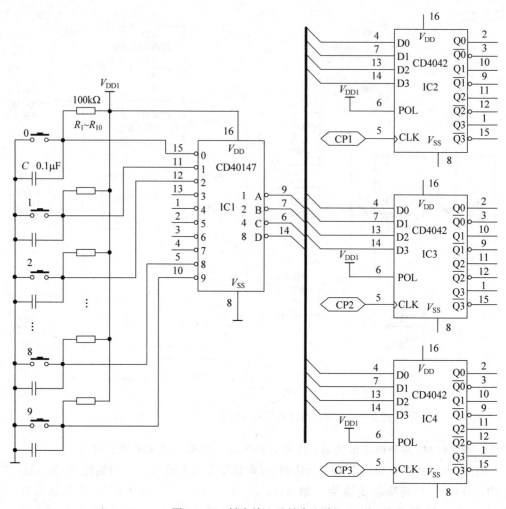

图 2-10-3　键盘输入及锁存电路

发送。编码电路在此的作用就是将并行输入的信息转换为串行输出，节省了通道的数量。这种转换也可理解为地址编码。具体做法是将图 2-10-3 中三个四 D 锁存器 CD4042 输出的 12 位数据（反码输出端）即三组 8421 码按位的高低依次连接到 VD5026 的地址端（A1～A12）即可，如果输入的地址码为 321，则接线关系如图 2-10-4 所示。VD5026 将转换后的数据信息在送到输出端口（17 脚）之前还要等待输出允许命令，即需要按下按键 S，给 14 脚加上低电平后才能输出。这一点类似于手机拨打电话时的操作：先拨号后连线。此时从 17 脚（DOUT）输出的串行编码脉冲如图 2-10-5 所示。

3. 主机输出驱动电路

主机输出的串行脉冲要同时送到所有分机的编码脉冲输入口进行选通，从能量消耗角度来说，分机就是主机的负载，分机越多，主机输出的电流就越大。由于 VD5026 的带载能力有限，所以必须添加驱动电路以提高带载能力，否则 VD5026 就会因输出电流过大而烧坏。在图 2-10-4 中采用功率三极管 BU406（图 2-10-6）以射极输出的形式作为主机输出的驱动电路（射极输出器输出电阻小，带负载能力强），驱动电路的输出端通过一条地址线与所有分机相连。

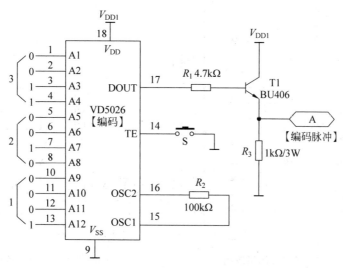

图 2-10-4　VD5026 编码器接线图

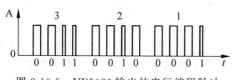

图 2-10-5　VD5026 输出的串行编码脉冲

图 2-10-6　功率三极管 BU406

4．分机译码电路及选通响应电路

分机译码电路如图 2-10-7 所示，VD5028 是与 VD5026 配对使用的译码器，它们的地址位都是 12 位。在本系统中，分机的地址码可在 000～999 之间选定。分机的地址码可以与房间号一致，并按楼层来划分，如 121、221、321 分别是指一层、二层和三层的第 21 个房间的地址码。每个分机要根据各自设定的地址码来对 VD5028 的 12 个地址位进行高低电平连接。以分机 321 为例，地址码连接电路如图中所示。所有分机译码器的 DIN 端(14 脚)都要连到主机的地址线上，这样可同时接收到来自主机的编码脉冲，当某个分机的地址码与地址线上数据相同时即被选通，此时译码器的 VT 端(17 脚)会由低电平变为高电平(选通标志)，可控制选通响应电路工作。选通响应电路如图 2-10-8 所示，其作用是实现与主机通话，通过继电器常开触点闭合将分机的扬声器与主机"音频总线"接通，此处的动圈式扬声器可兼做麦克风使用，由主机进行功能切换控制。当主机与某个分机通话完毕后，需通过键盘电路复位，系统又回到初始状态，主机可再次输入其他分机号码。

5．音频放大电路及对讲控制电路

主机与分机实现通话对讲可以有单工和双工两种方式，单工是指在同一时刻通话的双方只能一人说另一人听(如对讲机)，而双工则是指通话的双方同时可说可听(如电话、手机)。单工方式较为简单，所以这里采用单工对讲方式，但单工对讲需要人为切换信号传递方向，这个控制权放在主机一侧。电路结构如图 2-10-9 所示。"主机呼叫放大"由电容麦克

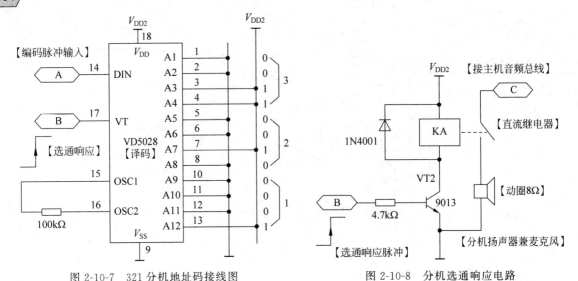

图 2-10-7　321 分机地址码接线图　　　　图 2-10-8　分机选通响应电路

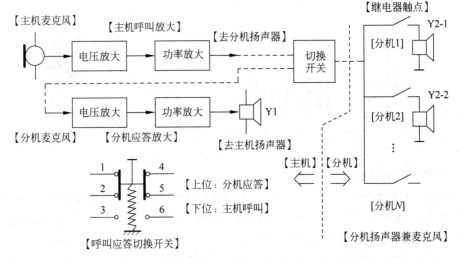

图 2-10-9　主机呼叫和分机应答电路结构框图

风、电压放大和功率放大构成,音频输出信号送到分机的扬声器上;"分机应答放大"由分机扬声器(此时作麦克使用)、电压放大和功率放大构成,其输出信号送到主机的扬声器上。每个分机的扬声器都由各自的继电器触点控制,只有被选通的分机其继电器触点才能接通。单工对讲通常用双刀双掷直键可复位按键开关(图 2-10-10)切换"呼叫/应答"两种状态,在本系统中主机可主动呼叫分机,当分机被选通后,主机方可按下直键开关,进入"主机说、分机听"的状态;当主机松开按键时,就转换为"分机说、主机听"的状态。

图 2-10-10　双刀双掷直键可
复位按键开关

这里分机用动圈式扬声器兼做麦克风使用,虽然灵敏度不如电容麦克风,但这样做既可以节省元器件又可以减少导线布设,利大于弊。分机扬声器的直径应选大于 80mm 的为好,扬声器纸盆口径大一些对声音的灵敏度就会相对高一些。

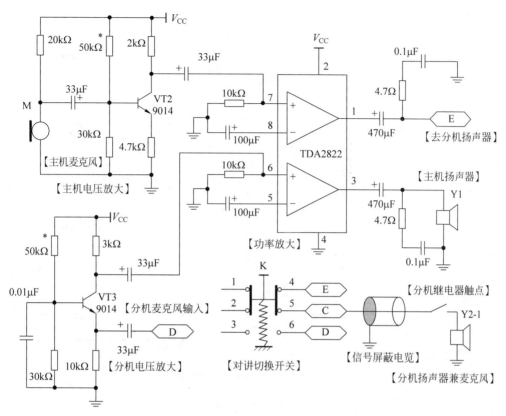

图 2-10-11 主机呼叫和分机应答电路原理图

主机呼叫和分机应答电路原理如图 2-10-11 所示。对主机和分机音频信号的电压放大分别采用共发射极和共基极两种结构,这是由于它们信号源的内阻不同所致,这方面在 1.2.3 小节放大电路应用实践中已有介绍(主机使用电容麦克风,其输出阻抗和共发射极放大电路的输入阻抗比较匹配;而分机用动圈扬声器兼作麦克风,其输出阻抗很小,共基极放大电路的输入阻抗也较小,两者比较匹配)。功率放大是采用集成双功放 TDA2822M(1.8~15V),这是一款双通道小功率功放,其外形封装如图 2-10-12 所示,主机和分机各使用一个功率放大器。主机与分机的音频信号要使用屏蔽电缆进行传递,这样可以防止外界的电磁干扰。

图 2-10-12 集成双功放 TDA2822M

6. 直流供电电路

本系统通话时先由主机呼叫,分机只作应答,为了节省能源分机的电源可由主机电源提供,这样在不需要通话时可将系统电源关闭。系统供电如图 2-10-13 所示。主机电路采用 9V 和 5V 两种电源供电,9V 供给电压和功率放大等音频放大部分,5V 供给键盘显示、编码及驱动等数字电路部分。分机采用 12V 供电,是考虑主机到分机之间的线路上要产生一定的电压损耗,保证最远端的分机能够得到正常工作所需要的电压。为了使近端和远端分机都能有稳定电压,每个分机电源入口处设有 5V 稳压器。分机整机电路原理见图 2-10-14。主机与分机接线关系如图 2-10-15 所示。

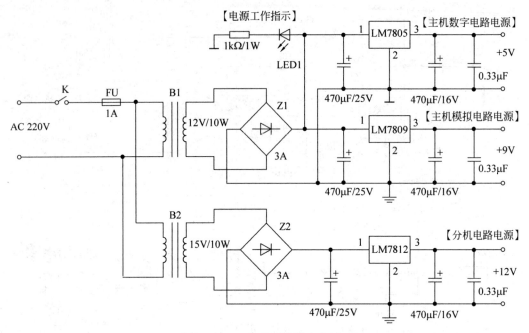

图 2-10-13　整机系统供电电路

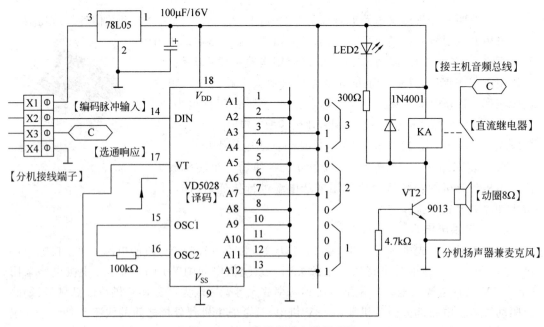

图 2-10-14　分机整机电路原理图

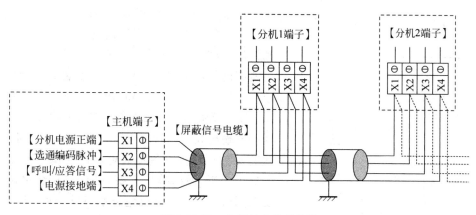

图 2-10-15　主机与分机的连接

2.10.3　电路安装与调试要点

本项目如果作为成品,安装时需要选择主机机壳和分机机壳,然后才可以进行电路板的设计。主机机壳可参照图 2-10-16,图中同时给出了机壳的面板布局参考图。

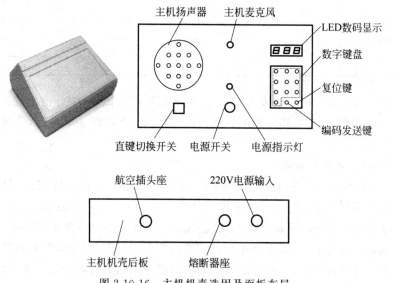

图 2-10-16　主机机壳选用及面板布局

本装置需要制作以下几种 PCB 板:①整流电源板;②主机板;③分机板;④数码显示板。另外,如果市面上买不到合适的数字键盘也可以自制,这样再加上一块数字键盘板。

1. 整流电源安装与调试

先安装整流电源是便于其他部分的通电调试。供电电源是所有电流的汇聚地,对于易发热的器件要加装散热片。元器件之间也不要过于拥挤,保持一定间距有利于散热。安装时要特别注意整流桥、稳压管及电解电容的极性不要搞错。安装后要通电测试三个稳压器的输出是否符合标称值。在电源 PCB 上三个稳压电源要按图 2-10-17 所示进行“共地”连接,以减小相互干扰。

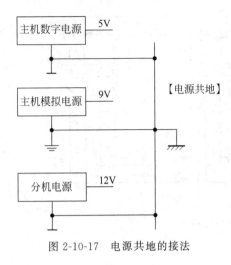

图 2-10-17　电源共地的接法

2. 数字电路部分安装与调试

在本项目中,数字电路所起的作用是正确编码和译码,以实现主机对分机的选通(其中包括项目 7 中所有键盘显示部分电路)。在安装时要确保各个数据位接线正确,如编码和译码各地址位的对应关系;锁存器输出和译码器输入各码位的对应关系;译码器输出和数码管输入各段位的对应关系等,为此需要在安装前对各集成电路的引脚功能及真值表进行分析,做出接线方案,必要时搭建电路进行功能测试。每一个分机地址都是唯一的,需要事先根据需要在 000~999 的范围内对所有分机进行编号并对应写出地址码,如表 2-10-1 所示,然后逐一对分机进行地址位焊接。

表 2-10-1　分机地址码列表

分机编号	分机地址码											
	A1	A2	A3	A4	A5	A6	A7	A8	A9	A10	A11	A12
320	0	0	1	1	0	0	1	0	0	0	0	0
321	0	0	1	1	0	0	1	0	0	0	0	1
323	0	0	1	1	0	0	1	0	0	0	1	1

在主机数字部分和分机电路安装完毕后,可进行选通测试,即按分机地址码列表依次输入分机号码,然后看数码显示和分机的选通情况。要求:数码管显示正确,分机选通显示正确,继电器触点有动作。

3. 模拟电路部分安装与调试

按图 2-10-11 所示分步进行安装及调试。将放大电路所有元器件安装完毕后,再将分机扬声器直接连接到 E 点,将分机麦克风(扬声器)接到 D 点,然后通电进行静态调试。业余条件下可采用如下方法:对着主机麦克风说话时,听分机扬声器发出的声音,同时用一个 100kΩ 的电位器调节 VT2 基极带有星号"＊"的偏置电阻的阻值(原有阻值仅作参考),以声音清晰响亮为好,然后换上一个同等阻值的固定电阻。最后再对着分机麦克风说话,听主机扬声器发出的声音,用上述同样的方法确定 VT3 的偏置电阻阻值。

下一步是将直键开关接入,在接入之前,要用万用表欧姆挡通过测试确认它的常开和常闭触点,以防止接错。再将分机扬声器直接连接到 C 点,然后进行呼叫和应答的调试,先对着主机麦克风说话,听分机扬声器发声,正常后再按下直键开关,对着分机麦克风说话,听主机扬声器发声,如果都正常,此部分调试结束。在上述调试过程中,要将主机扬声器与主机拉开一定距离,否则可能会引起回馈啸叫。

4. 整机安装及联调

整机安装就是将已经调试好的各个部分连接成一个整体,形成一个可以实现预设功能的完整系统。首先将在调试过程中用到的临时接线有需要的替换成正式接线,不需要的去掉,其中包括其他不需要物件。然后将相关部分安装在机壳的指定位置上,如将 PCB 固定在机壳底座上,机壳面板上安装主机扬声器、直键开关和数字键盘等器件;并连接好主机内外及分机所有线路,如 PCB 板与面板相关器件的连接线、主机和分机各自端子排的内接线和外接线等。主机与分机采用四芯屏蔽信号电缆连接(图 2-10-18),屏蔽电缆是使用金属网状编织层把信号线包裹起来的传输线,屏蔽是为了保证在有电磁干扰的环境下系统的传输性能。

电缆内的四根芯线的绝缘材料一般采用不同颜色,其目的是便于区分不同用途。为此,在整机安装设计中,要根据电缆芯线的颜色做出接线方案。电缆线一端是经过航空插头(图 2-10-19)和插座连接到主机的端子排(图 2-10-20)上,另一端是连接在分机端子排上。另外,信号电缆线的屏蔽网要接地,即接系统的"共地端",这样可以提高抗电磁干扰的效果。

联调就是给整机系统通电后进行各项功能及指标测试,发现问题后查找原因,并加以解决,最终达到设计要求。前面进行的单元电路调试是联调的基础,前者的作用主要是从电路结构及参数方面要达到基本原理要求,后者的作用是从整体功能和指标方面要满足设计要求。对本装置的联调做法是:通电后先看有无异常现象,如整流电源是否过热,数码管显示有无乱码等;然后进行功能测试,即选择几个分机进行呼叫/应答操作,如果测试结果正常,说明整机安装及主机与分机之间的接线基本正确;最后要看一下整机各部位的发热情况和工作稳定性如何。如果工作出现不稳定现象,很可能存在电路接触不良的问题,需要根据故障现象特征查找问题所在,然后加以排除。

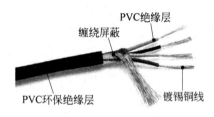

图 2-10-18 四芯屏蔽信号电缆

图 2-10-19 航空插头

图 2-10-20 端子排

实战篇

第 3 章

常用电子元器件识读与检测

电子元器件是组成电子线路的最小元素,无论是从事电子产品的设计还是从事安装调试及维护等工作都需要与它们打交道。因此掌握常用的电子元器件的识读与检测对于从业者来说是非常必要的。对电子元器件识读就是能够辨认器件的类别及了解器件上标识的意义。对电子器件检测就是要通过测试结果判断器件的性能或确认器件的引脚极性等。

3.1 电阻器的识读与检测

3.1.1 电阻器的识读

电阻器是所有的电路元件中资历最老、用量最大的一个品种。对电阻器的识读,就是能对电阻器实物分辨出它的类型以及能读出它的参数。

1. 电阻器参数的识读

电阻器的参数一般是指阻值和误差。电阻参数标注在电阻体上,通常有四种标注法:直标法、数标法、代码标注法和色环标注法。目前使用最多的电阻器有两类,即色环电阻和表面贴片电阻。

1) 色环电阻参数的识读

色环电阻器是用色环颜色的不同组合来表示电阻器的阻值及误差。其外形如图 3-1-1 所示,普通电阻用四色环表示,精密电阻用五色环表示。表 3-1-1 给出了四色环表示法规则。按照这个规则就可以根据电阻器的色环读取出电阻器标称阻值和误差。例如,一个电阻器的色环顺序为黄、紫、红、金,第一个数字 4(黄色),第二个数字 7(紫色),倍率为 10^2(红色),电阻值为 4700Ω,误差为 $\pm5\%$,因此实际的电阻值为 $4465\sim4935\Omega$。

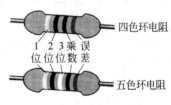

图 3-1-1 色环电阻器

表 3-1-1　色环电阻器四色环表示法规则

颜　　色	无	银	金	黑	棕	红	橙	黄	绿	蓝	紫	灰	白
第一位有效值				0	1	2	3	4	5	6	7	8	9
第二位有效值				0	1	2	3	4	5	6	7	8	9
第三位乘数		10^{-2}	10^{-1}	10^{0}	10^{1}	10^{2}	10^{3}	10^{4}	10^{5}	10^{6}	10^{7}	10^{8}	10^{9}
第四位误差/%	±20	±10	±5										

2）表面贴片电阻参数的识读

贴片电阻的标注方式主要有直标、数标、代码标注等。

（1）直标法。是指直接用数字和单位符号把电阻的电阻值印刷在电阻表面上，如图 3-1-2 所示。6R8＝6.8Ω，中间的 R 看作是小数点。

（2）数标法。是指在电阻器上印刷三位或四位纯数字，前面的几位数表示有效数，最后一位表示倍率（即在有效数后加零的个数），单位是 Ω，如图 3-1-3 所示。153＝15000Ω＝15kΩ。

<table>
<tr><td>图 3-1-2　电阻值的直标法</td><td>图 3-1-3　电阻值的数标法</td></tr>
</table>

（3）代码标注。是指在电阻器上印刷有两位数字和一位字母的标注方式，前两位数字为代码，最后一个字母表示倍率，即加零的个数。表 3-1-2 为电阻代码表。例如，01B＝100×10^{1}＝1000Ω；32Y＝210×10^{-2}＝2.1Ω；40X＝255×10^{-1}＝25.5Ω；51C＝332×10^{2}＝33.2kΩ。

表 3-1-2　E96 系列电阻代码表

倍率	A		B		C		D		E		F		G		H		X		Y		Z
	0		1		2		3		4		5		6		7		−1		−2		−3
代码	数字		代码	数字		代码	数字		代码	数字		代码	数字		代码	数字		代码	数字	
01	100		13	133		25	178		37	237		49	316							
02	102		14	137		26	182		38	243		50	324							
03	105		15	140		27	187		39	249		51	332							
04	107		16	143		28	191		40	255		52	340							
05	110		17	147		29	196		41	261		53	348							
06	113		18	150		30	200		42	267		54	357							
07	115		19	154		31	205		43	274		55	365							
08	118		20	158		32	210		44	280		56	374							
09	121		21	162		33	215		45	287		57	383							
10	124		22	165		34	221		46	294		58	392							
11	127		23	169		35	226		47	301		59	402							
12	130		24	174		36	232		48	309		60	412							

续表

代码	数字	代码	数字	代码	数字	代码	数字	代码	数字
61	422	69	511	77	619	85	750	93	909
62	432	70	523	78	634	86	768	94	931
63	442	71	536	79	649	87	787	95	953
64	453	72	549	80	665	88	806	96	976
65	464	73	562	81	681	89	825		
66	475	74	576	82	698	90	845		
67	487	75	590	83	715	91	866		
68	499	76	604	84	732	92	887		

2. 电阻器种类的识别

表 3-1-3 给出了常见电阻器的外形、符号及特征，主要有固定电阻、熔断电阻、压敏电阻、热敏电阻、湿敏电阻、光敏电阻、气敏电阻、可变电阻和水泥电阻，在识别这些电阻时，可根据其外形和功能特点进行判断。

表 3-1-3 常见电阻器的名称、符号及特征

名称及符号	实 物	特 征
固定电阻 R		固定电阻器有轴向引线和表面贴装两种封装，轴向引线封装多采用色环方法标注阻值。表面贴装采用三种表示法：直标法、数标法和代码标注。表面贴装电阻有三种封装形式：矩形、柱形和异形
熔断电阻 R_F		熔断电阻器是一种具有电阻器和熔断丝双重作用的元器件，主要是防止电流过高烧坏电路以保护为主，所以又叫作熔断丝电阻器
压敏电阻 R_V		压敏电阻是一种限压型保护器件。利用压敏电阻的非线性特性，当过电压出现在压敏电阻的两极间，压敏电阻可以将电压钳位到一个相对固定的电压值，从而实现对后级电路的保护
热敏电阻 R_T NTC型 PTC型		热敏电阻是一种传感器电阻，其阻值随温度变化而变化。NTC 型为负温度系数热敏电阻，PTC 型为正温度系数热敏电阻，前者阻值随温度增加而减小，后者阻值随温度增加而增加
湿敏电阻 R_S		湿敏电阻是一种传感器电阻，它是利用湿敏材料吸收空气中的水分而导致本身电阻值发生变化这一原理而制成的。通常用于湿度检测和控制

续表

名称及符号	实　物	特　征
光敏电阻 R_G		光敏电阻器是利用半导体的光电效应制成的一种电阻值随入射光的强弱而改变的电阻器,入射光强,电阻减小,亮电阻值可小至 $1k\Omega$ 以下;入射光弱,电阻增大,暗电阻一般可达 $1.5M\Omega$
气敏电阻 R_{QM}		气敏电阻是一种对于某种气体敏感的化学传感器,它是能随着外部气体的浓度或者气体的种类的不同而改变的敏感膜电阻。它可用于一氧化碳气体、瓦斯气体和煤气、氟利昂(R11、R12)的检测及呼气中乙醇的检测
可变电阻 R_W		可变电阻首先是一种电阻,它在电子电路中可以起电阻的作用,它与一般电阻的不同之处是它的阻值可以在一定范围内连续变化,在一些要求电阻值变动而又不常变动的场合,可使用可变电阻
水泥电阻 R		水泥电阻是一种线绕式电阻,其特点是大功率、阻值小,可用于电源接通时对冲击电流的限制及某些设备启动电流的限制,也可作为过流保护电路中的取样电阻

3.1.2　电阻器的检测

使用指针式万用表对电阻器阻值进行测量的方法如下。

(1) 将万用表设置成欧姆挡,并根据电阻器的标称阻值,将万用表调到 $R \times 10k$ 欧姆挡。在检测之前,必须要进行一次表针调零校正这个关键步骤,如图 3-1-4 所示。

图 3-1-4　选择万用表检测量程并进行欧姆调零

(2) 将万用表的红、黑表笔分别搭在电阻器两端的引脚上,观察万用表指示的电阻值变化,如图 3-1-5 所示,指针的读数为 22,再乘以倍率 10k,实际结果为"220kΩ"。

由于电阻器的种类繁多,检测方法也各有不同。

① 压敏电阻器。检测压敏电阻器时,应尽量选用反应灵敏的指针式万用表,以便观测

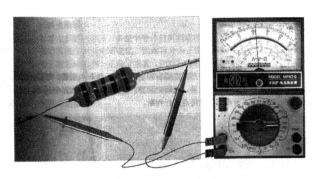

图 3-1-5 检测电阻器实际阻值示意图

阻值的变化情况。压敏电阻器的阻值一般很大,所以应尽量选择大的量程。

② 热敏电阻器。热敏电阻器处于常温状态时,测量的阻值应接近热敏电阻器的标称阻值。用电烙铁或吹风机等加热设备对热敏电阻进行加热,所测电阻值如小于常温下所测电阻值,则为负温度系数的 NTC 电阻,反之,若所测电阻大于常温下的电阻,则为正温度系数的 PTC 电阻。

③ 湿敏电阻。湿敏电阻处于正常状态时,测量的阻值应接近湿敏电阻器的标称阻值,用湿棉签对湿敏电阻进行加湿,所测电阻值应大于正常状态下所测电阻值。

④ 光敏电阻。光敏电阻处于正常状态时,测量阻值应接近光敏电阻器的标称阻值,将光敏电阻处于完全黑暗的状态,所测电阻值应大于常态光线下所测电阻值。

⑤ 排电阻器。排电阻器是一种将若干个同阻值的电阻集成在一起的组合型电阻器,实物外形如图 3-1-6 所示。由图可知,排电阻有一个引脚为公共端(左侧第一脚有圆点表示公共端)。对排电阻的检测一是要分辨公共端,二是要检测每一个电阻的阻值是否符合标称值。

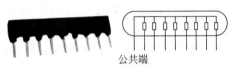

公共端

图 3-1-6 排电阻器实物及内部结构

3.2 电容器的识读与检测

3.2.1 电容器的识读

电容器的"资历"几乎和电阻器一样,在电路器件中也算是"老前辈级别"的。对电容器的识读要求是能分辨出它的类型和基本参数。

1. 电容器参数的识读

电容器的参数一般指电容器的容量和耐压值等。

1) 铝电解电容器参数的识读

如图 3-2-1 所示,电容器上面的标识"470μF 50V 105℃ M"。其中,"470μF"表示电容器量;"50V"表示电容器的额定工作电压;"105℃"表示电容器正常工作的温度范围;"M"表示允许偏差为±20%。

2) 涤纶、瓷介、独石电容器参数的识读

涤纶、瓷介和独石等电容器的容量表示一般只有数字而没有容量单位,这是因为它们的体积比较小无法表示全部。在这种情况下采用以下两种表示方法。

（1）直标法。对于普通电容器标识数字为整数的，容量的单位为 pF；标识数字为小数的容量单位为 μF。如 3300 表示 3300pF，510 表示 510pF；0.33 表示 0.33μF，4n7 表示 4.7nF=0.047μF（电容器容量单位：$1F=10^3 mF=10^6 \mu F=10^9 nF=10^{12} pF$）。

（2）数标法。一般用三位数字来表示容量的大小，单位为 pF。前两位为有效数字，最后一位表示倍率。如 102 表示 10×10^2，表示 1000pF；103 表示 10×10^3，表示 10000pF=0.01μF；104 表示 10×10^4，表示 100000pF=0.1μF；222 表示 22×10^2，表示 2200pF。

3）贴片电容器参数的识读

（1）贴片铝电解电容的参数可直接从电容体上读取。

（2）贴片钽电解电容器参数读取可参照图 3-2-2 来识读。

 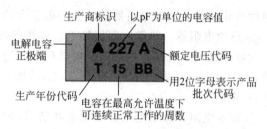

图 3-2-1　铝电解电容器的参数标识　　　　图 3-2-2　贴片钽电解电容器参数的识读

（3）无极性贴片电容器参数的识读。无极性贴片电容在表面上没有印字，这和它的制作工艺有关，贴片电容是经过高温烧结而成，所以没办法在它的表面印字。其型号等参数是在贴片生产时整盘上标注。使用者可以通过实测获得容量数据。也可查阅生产厂商产品数据资料获得。贴片电容器按制作材料不同有 NPO、X7R、Z5U、Y5V 等不同的类型，按封装尺寸有 0201、0402、0603、0805、1206、1210、1812、2010、2225 多种规格（如 04 表示长度是 0.04in，02 表示宽度为 0.02in），通常体积大的容量相对也大一些。如 NPO 电容器的四种封装对应的容量范围如下。

0805：0.5～1000pF，0.5～820pF

1206：0.5～1200pF，0.5～1800pF

1210：560～5600pF，560～2700pF

2225：1000pF～0.033μF，1000pF～0.018μF

2. 电容器种类的识别

电容器的种类很多，常见电容器的种类及特征如表 3-2-1 所示。

表 3-2-1　常见电容器的种类及特征

名称及符号	实物	特征
独石电容器（C_T） ⊣⊢	容量范围：0.5pF～1μF	在若干片陶瓷薄膜坯上被覆以电极浆材料，叠合后一次绕结成一块不可分割的整体，外面再用树脂包封而成。其特点是：体积小、大容量、高可靠、耐湿和耐高温。适用于低频电路作谐振、耦合、滤波、旁路之用

续表

名称及符号	实　　物	特　　征
瓷介电容器 (C_C) ⊣⊢	104 容量范围：1～6800pF	用陶瓷作介质。在陶瓷基体两面喷涂银层，然后烧成银质薄膜做极板制成。其特点是体积小、耐热性好、损耗小、绝缘电阻高，但容量小，适用于高频电路
云母电容器 (C_Y) ⊣⊢	500±5% 500V SM 容量范围：10～51000pF	用金属箔或在云母片上喷涂银层做电极板，按需要的容量将极板和云母一层一层叠合后，再压铸在胶木粉或封固在环氧树脂中制成。其特点是：介质损耗和分布电感小，绝缘电阻高，温度及频率特性好，工作电压高(50V～7kV)一般在高频电路中作信号耦合、旁路等使用
涤纶电容器 (C_L) ⊣⊢	容量范围：40pF～4μF	以涤纶(聚酯)薄膜作为介质的电容。用两片金属箔做电极，夹在极薄绝缘介质中，卷成圆柱形或者扁柱形芯子。它是薄膜电容的一种。其特点是：介电常数较高、体积小、容量大、稳定性较好，一般用在中、低频电路中
玻璃釉电容器 (C) ⊣⊢	A107 容量范围：10pF～0.1μF	由一种浓度适于喷涂的特殊混合物喷涂成薄膜而成，介质再以银层电极经烧结而成"独石"结构，性能可与云母电容器媲美，能耐受各种气候环境，一般可在200℃或更高温度下工作，额定工作电压可达500V。一般用在脉冲、耦合、旁路等电路中
聚丙乙烯电容器(C_{BB}) ⊣⊢	CBB 容量范围：1000pF～10μF	以聚丙乙烯薄膜为介质制成的一种负温度系数无极性电容，是薄膜电容的一个品种。主要特点：小体积、大容量、绝缘阻抗高、频率特性优异、耐热、耐湿。一般应用在中、低频电路中或作为电动机的启动电容
铝电解电容器 (C_D) ⊣⊢＋	容量范围：0.47～10000μF	以铝圆筒做负极、里面装有液体电解质，插入一片弯曲的铝带做正极制成。其特点是容量大，但漏电大，稳定性差。有正负极性，适用于电源滤波或低频电路中。使用时正、负极不要接反。结构上分直插式和贴片式两类
钽电解电容器 (C_A) ⊣⊢＋	容量范围：0.1～1000μF	以金属钽作为正极，稀硫酸等配液作为负极，用钽表面生成的氧化膜做介质制成。其特点是：体积小、容量大、性能稳定、寿命长、绝缘电阻大、温度性能好。适用在要求较高的设备中。结构上分直插式和贴片式两类

续表

名称及符号	实　　物	特　　征
无极性贴片电容(C) 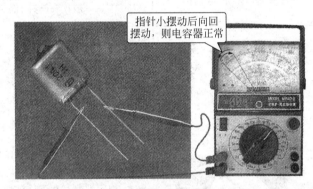 容量范围：330pF～1.5μF		通常指贴片式陶瓷电容,具有小体积、小容量和可耐高温和高压的特点。常用于高频滤波。贴片电容上面没有印字,这和它的制作工艺有关,贴片电容是经过高温烧结而成,所以没办法在它的表面印字。其型号等参数是在贴片生产时整盘上有标注。如果是同一个厂标,一般来说颜色深的容量比颜色浅的要大,棕灰>浅紫>灰白

3.2.2　电容器的检测

1. 电容器的性能检测

电容器性能的好坏,主要是看其是否漏电即不应通过直流电流。检测电容器的好坏可用指针式万用表的电阻挡进行。检测时,可根据电容量的大小选择点阻挡位。一般 $100\mu F$ 以上电容可选择 $R\times100$ 欧姆挡;$1\sim100\mu F$ 的电容器可选择 $R\times10$ 欧姆挡;$1\mu F$ 以下的电容器可选择 $R\times10k$ 欧姆挡。

1) 普通固定电容器性能的检测

无极性固定电容器的容量一般都比较小,在检测时可将指针式万用表调至 $R\times10k$ 欧姆挡,并进行欧姆调零。检测时,将万用表的红、黑表笔分别搭在电容器两个引脚上,观察表针指示电阻值的变化,其检测方法如图 3-2-3 所示。

图 3-2-3　无极性固定电容器的检测

（1）若在表笔接通的瞬间,可以看到指针有一个小的摆动后又回到无穷大处,可以断定,该电容器正常。

（2）若在表笔接触的瞬间,看到指针有很大的摇摆,可以断定该电容器被击穿或严重漏电。

（3）若表指针几乎没有摆动,可以判定该电容已开路。

（4）对于 6800pF 以下容量电容,由于容量过小,不能判断是否存在开路现象,但可按上述方法检测是否漏电或被击穿。

2）电解电容器性能的检测

电解电容属于有极性的电容器，其引脚的极性可从其外观上进行判断。一般电解电容的正极引脚相对较长，并且在电解电容的表面上也会标识出引脚的极性，即在负极引脚侧有"—"的标记。对电解电容检测之前，要先进行一次放电。因为容量较大的电容器被充高压电后，不容易放掉，为了避免电解电容器中存有残留电荷而影响检测的结果，需要对其进行放电操作。放电方法可用一个电阻与电容器并接一下即可。

检测时，将万用表量程调至 $R \times 100$ 欧姆挡，并进行欧姆调零。将黑表笔（代表正极）接至电解电容的正极引脚上，红表笔（代表负极）接至负极引脚上（用数字万用表时接法应相反），观察万用表指针的变化情况。检测方法如图 3-2-4 所示。

图 3-2-4　电解电容器的检测方法

（1）若在刚接通的瞬间，指针向右（电阻小的方向）摆动一个较大的角度（$2\mu F$ 以上较明显），然后又逐渐向左摆回，最后表针停止在一个固定位置，这说明该电容器有明显的充放电现过程。表针最后停的位置所对应的电阻就是该电容的正向漏电阻，正向漏电阻越大越好。

（2）若表笔接触到电解电容引脚后，表针向右摆动到一个角度后立即向回稍摆动一点，即没有回到大阻值的位置，这说明该电容严重漏电，不能使用。

（3）若表笔接触电解电容引脚后，表针即向右摆动很大，但无回摆现象，这说明该电解电容已经被击穿短路。

（4）若表笔接触到电解电容的引脚后，表针没有摆动，则说明该电解电容器内部电解质已干涸，失去电容量。

（5）通过观察指针摆动的幅度，可以大致判断出电解电容器电容量的大小。表笔刚接触引脚时，表针摆动幅度越大且回摆的速度越慢，则说明电解电容器的电容量越大，反之则说明电容量越小。

（6）在线检测（即在电路板上测试）电解电容时，由于电容的两个极与其他元件相连，所以检测的结果和上述情况不同，不好判定电解电容的质量，这时最好将电容的一个引脚拆下，然后再检测。

2．电容器电容量的检测

电容器电容量的检测通常需要专门的电容测量仪来进行测量，不过对于电容量在 6800pF～ $2\mu F$ 的电容器也可以使用数字万用表进行测量。

某些数字万用表设有专门测量电容的插孔，测量前先要在测量电容的挡位上选择量程，然后将待测的电容引脚插进标有"C_X"的插孔中，即可读出显示值。操作过程如图 3-2-5 和

图 3-2-6 所示。如测其标称容量为"204"的电容,选择 $2\mu F$ 挡测试,显示结果为".202",即 $0.202\mu F$,接近标称值 $0.2\mu F$。

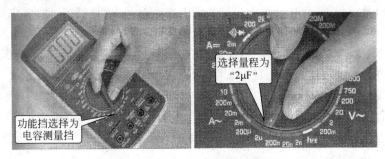

图 3-2-5 数字万用表检测量程选择

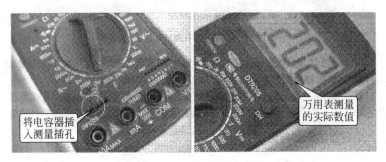

图 3-2-6 测量并读取待测电容器的实际电容值

3.3 二极管的识读与检测

3.3.1 二极管的识读

二极管是半导体器件家族中的元老,其结构最为简单,仅有一个 PN 结,具有单向导电的特点。根据不同的需求已形成了多种类和多规格体系,它们的差异在于 PN 结面积的大小和恢复时间的长短,PN 结面积大,可以允许有较大电流通过,但工作频率低,适合用在整流电路中;PN 结面积小,恢复时间短,工作频率高,适用于高频电路中。

1. 二极管的型号识读

(1) 部分整流二极管的型号及参数

1N4001~1N4007(外形直径:3mm,额定整流电流 1A,最大反向耐压 50~1000V)。

1N5400~1N5408(外形直径:5mm,额定整流电流 3A,最大反向耐压 50~1000V)。

P600A~P600L(外形直径:6mm,额定整流电流 6A,最大反向耐压 50~1000V)。

(2) 部分检波二极管的型号及参数

2AP1(外形直径:3mm,正向电流 2.5A,反向电压 10V,截止频率 150MHz)。

2AP10(外形直径:3mm,正向电流 8A,反向电压 20V,截止频率 100MHz)。

(3) 部分开关二极管的型号及参数

2AK1(外形直径:4mm,正向电流 150mA,反向电压 10V,反向恢复时间 200ns)。

1N4148(外形直径：2.5mm,正向电流200mA,反向电压100V,反向恢复时间5ns)。

（4）部分稳压二极管的型号及参数

2CW50(外形直径：11mm,最大工作电流83mA,稳定电压1～2.8V,最大耗散功率0.25W)。

2CW102(外形直径：11mm,最大工作电流280mA,稳定电压3.2～4.5V,最大耗散功率1W)。

2DW50(外形直径：11mm,最大工作电流22mA,稳定电压38～45V,最大耗散功率1W)。

2. 二极管的极性识别

二极管内部是一个PN结,从P型半导体引出的极为正极(也称阳极),从N型半导体引出的极为负极(也称阴极)。在金属封装的二极管的外形上,用图形符号" ▷|◁ "的指向来表示正负极；在塑料或玻璃封装的二极管的外形上,在负极侧标有带颜色圆环,即带有色环的极为负极,如图3-3-1所示。

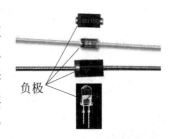

负极

图3-3-1 二极管极性识读

3. 二极管种类的识别

二极管的种类很多,在电路中的作用各不相同,因此在识别二极管时,应根据二极管的种类、作用进行判别。常见的二极管有整流二极管、检波二极管、稳压二极管、发光二极管、光敏二极管、变容二极管、开关二极管、双向二极管,以及快恢复二极管,电子产品中常见的二极管的种类及特征如表3-3-1所示。

表3-3-1 常见二极管的种类及特征

名称及符号	实 物	特 征
整流二极管 ▷|—	型号：1N540	主要作用是将交流整流成直流。整流二极管的外壳封装常采用金属壳封装和塑料封装两种形式。由于整流二极管的正向电流较大,所以,整流二极管多为面接触型二极管,PN结面积较大,结电容大,工作频率低
检波二极管 ▷|—	型号：1N60 2AP9	检波二极管是利用二极管的单向导电性把叠加在高频载波上的低频信号检出来的器件。检波二极管常用在无线电接收机中的检波电路中。检波二极管的封装多采用玻璃或陶瓷外壳,以保证良好的高频特性
稳压二极管 ▷|—	型号：1N4728	它是一种特殊的二极管,只工作在伏安特性的反向击穿区,用来抑制因负载变化或电网电压波动引起的直流电压的飘动,即用来稳定整流电源输出电压。其封装形式有金属外壳和塑料外壳两种,其中以塑料外壳封装的形式最为常见

名称及符号	实　物	特　征
发光二极管 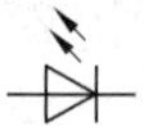	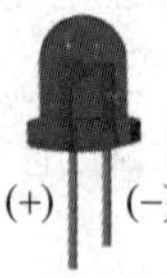 型号：FDG-SUP5R-C (+)　(−)	发光二极管常用于显示器件或光电控制电路中的光源。在正常工作时，它处于正向偏置状态，在正向电流达到一定值时就发光。常见的有红光、黄光、绿光、橙光等。除这些单色发光二极管外，还有可以发出两种以上颜色光的双色和三色发光二极管
光敏二极管 	 型号：HY527-BW-PT	光敏二极管又称光电二极管。它的特点是当受到光照射时，二极管反向电阻会随之变化（随光照射的增强，反向电阻会由大变小），利用这一特性，光敏二极管常用作光电传感器使用
变容二极管 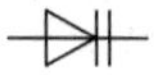	 型号：BB910	变容二极管是利用 PN 结的电容随外加偏压而变化这一特性制成的非线性半导体器件，在电路中起电容的作用，它常被用在电子调谐电路中
双向触发二极管 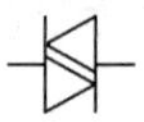	 型号：DB3	双向触发二极管是具有对称性的两端半导体器件。常用来触发双向晶闸管，或用于过压保护、定时、移相等电路
快恢复二极管 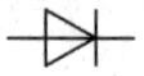	 型号：SF28	快恢复二极管也是一种高速开关二极管。这种二极管的开关特性好，反向恢复时间很短，正向压降低，反向击穿电压较高，主要用于开关电源、PWM 脉宽调制电路及变频等电子电路中
开关二极管 	 型号：1N4148	它是利用二极管的单向导电性，为在电路上进行"开"或"关"的控制而特殊设计制造的一类二极管。这种二极管导通/截止速度非常快，能满足高频和超高频电路的需要，广泛用于开关及自动控制等电路中

3.3.2　二极管的检测

二极管基本性能就是它的单向导电性。二极管的优劣可以根据正反向电阻的大小进行判断，正向电阻越小，反向电阻越大，则性能越好。

用万用表电阻挡对二极管的性能检测过程如下。

（1）将指针万用表的量程调至 $R \times 1k$ 欧姆挡，并进行调零校正，如图 3-3-2 所示。

（2）检测二极管的正向阻值如图 3-3-3 所示。将万用表的黑表笔搭在二极管的正极（阳极）引脚上，红表笔接二极管的负极（阴极）引脚，观察万用表的指针读数，可以得到一个较小正向阻值。

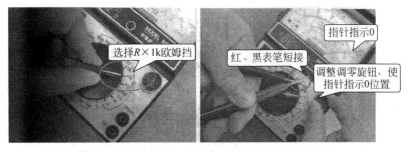

图 3-3-2　测二极管选择 $R \times 1\mathrm{k}$ 欧姆挡并进行调零

（3）检测二极管的反向电阻值如图 3-3-4 所示。将万用表的黑表笔搭在二极管的负极引脚上，红表笔接二极管的正极引脚，观察表指针读数，此时阻值应在几百千欧姆以上。

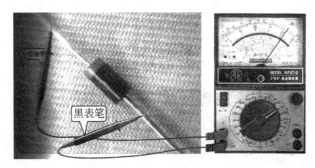

图 3-3-3　检测二极管正向电阻值

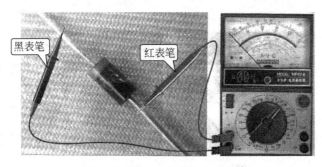

图 3-3-4　检测二极管反向电阻值

3.4　三极管的识读与检测

3.4.1　三极管的识读

在信号放大方面，三极管在电子管之后开创了一个新的时代，各种电子设备产品开始逐渐向小型化、低功耗方面转变。尽管在其之后又出现了集成电路，但目前三极管仍具有很多的应用空间。

1. 三极管种类的识读

三极管的种类较多，如按功率大小来分有小功率、中功率和大功率三极管。表 3-4-1 给出了常见三极管的种类及特征。

2．三极管型号的识读

（1）部分高频小功率三极管的型号及参数

C9011（外形 TO-92，NPN，$f_T=150\text{MHz}$，$P_{CM}=300\text{mW}$，$I_{CM}=100\text{mA}$，$U_{RCEO}=18\text{V}$）

C9012（外形 TO-92，PNP，$f_T=150\text{MHz}$，$P_{CM}=600\text{mW}$，$I_{CM}=500\text{mA}$，$U_{RCEO}=25\text{V}$）

C9013（外形 TO-92，NPN，$f_T=150\text{MHz}$，$P_{CM}=400\text{mW}$，$I_{CM}=500\text{mA}$，$U_{RCEO}=25\text{V}$）

C9014（外形 TO-92，NPN，$f_T=150\text{MHz}$，$P_{CM}=300\text{mW}$，$I_{CM}=100\text{mA}$，$U_{RCEO}=18\text{V}$）

C9015（外形 TO-92，PNP，$f_T=100\text{MHz}$，$P_{CM}=600\text{mW}$，$I_{CM}=100\text{mA}$，$U_{RCEO}=18\text{V}$）

C9018（外形 TO-92，NPN，$f_T=700\text{MHz}$，$P_{CM}=310\text{mW}$，$I_{CM}=100\text{mA}$，$U_{RCEO}=12\text{V}$）

表 3-4-1　常见三极管的种类及特征

名　　称	实　　物	特　　征
小功率三极管	型号：C8050　C8550 NPN　　PNP 1.5A　25V　1W	小功率三极管是电子产品中用得最多的三极管之一。它的具体形状有许多，主要用来放大交、直流信号，如用来放大音频、视频的电压信号，作为各种控制电路中的控制器件等
中功率三极管	型号：2SD882 3A　40V　10W NPN 型	中功率三极管主要用于驱动电路和激励电路，或者为大功率放大器提供驱动信号，根据工作电流和耗散功率，适当地选择散热方式。有的功率三极管本身外壳具有一定的散热功能，耗散功率稍大的就要另外附加散热片
大功率三极管	型号：C3998 25A　1500V　250W NPN 型	因为大功率三极管的耗散功率比较大，工作时往往会引起芯片温度过高，所以必须安装散热片。输出功率越大，散热片的尺寸应越大

续表

名　　称	实　　物	特　　征
金属壳大功率三极管	型号：3DD15D 5A　200V　50W NPN 型	金属封装三极管的外壳是由金属材料制作而成的,它只有基极和发射极两根引脚,集电极就是三极管的金属外壳

（2）部分低频小功率三极管的型号及参数

3AX31（外形 TO-39,PNP,$f_a = 8kHz$,$P_{CM} = 125mW$,$I_{CM} = 125mA$,$U_{CEO} = 24V$）。

3BX31（外形 TO-39,NPN,$f_T = 8kHz$,$P_{CM} = 125mW$,$I_{CM} = 125mA$,$U_{CEO} = 40V$）。

（3）部分高频大功率三极管的型号及参数

3DA100（外形 TO-3,NPN,$f_T = 220MHz$,$P_{CM} = 40W$,$I_{CM} = 5A$,$U_{CEO} = 55V$）。

3CA6（外形 TO-3,PNP,$f_T = 220MHz$,$P_{CM} = 20W$,$I_{CM} = 2A$,$U_{CEO} = 120V$）。

（4）部分开关三极管的型号及参数

3AK801（外形 TO-39,PNP,$f_T = 220MHz$,$P_{CM} = 50mW$,$I_{CM} = 20mA$,$U_{CEO} = 15V$）。

3DK100（外形 TO-39,NPN,$f_T = 220MHz$,$P_{CM} = 200mW$,$I_{CM} = 30mA$,$U_{CEO} = 15V$）。

表 3-4-2 所示为部分三极管器件封装图。

表 3-4-2　部分三极管器件封装图

TO-3 (1∶3)		TO-92(B) (2∶1)	
TO-39 (1∶1)		TO-92(O) (2∶1)	
TO-92 (2∶1)		TO-92(D) (2∶1)	
TO-92(2) (2∶1)		TO-92(E) (2∶1)	
TO-92(2)A (2∶1)		TO-92(E)-1M (2∶1)	

3.4.2　三极管的检测

用万用表对三极管检测的内容通常有：三极管引脚极性的判别和性能判断。由于三极管内部有两个 PN 结,所以对三极管质量好坏最基本的判断首先就是看两个 PN 结的单向导电性能如何,然后看三极管的电流放大能力(β)和温度稳定性(I_{CEO}越小越好)。

1. 三极管质量的测试

三极管分为 PNP 型和 NPN 型两种,下面以这两种已知引脚极性的三极管为例,介绍三极管常规检测方法。图 3-4-1 所示为待测三极管符号及外形。

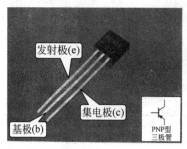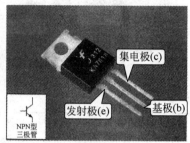

图 3-4-1   PNP 和 NPN 两种三极管的符号及外形

1) PNP 型三极管的检测方法

(1) 选择反应灵敏的指针式万用表测量,将万用表设置为欧姆挡,量程选为 $R \times 1k$ 欧姆挡,然后进行欧姆调零。

(2) 测 PNP 型三极管集电结的反向电阻。将万用表的黑表笔(代表"+")搭在晶体管的基极引脚上,红表笔(代表"-")接在集电极的引脚上,测得的电阻即为反向电阻,表针读数接近无穷大,检测方法如图 3-4-2 所示。

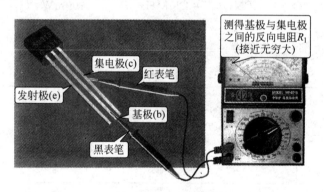

图 3-4-2   PNP 型三极管集电结反向电阻值的检测方法

(3) 测 PNP 型三极管集电结的正向电阻。将万用表的红、黑表笔互换,测量 PNP 三极管基极与集电极之间的正向电阻,表针读数显示有一定的阻值。检测方法如图 3-4-3 所示。

按上面对集电结正、反向电阻的测试结果,反向电阻接近无穷大,正向电阻较小,可以认为该三极管的集电结质量是好的。

(4) 测 PNP 型三极管发射结的反向电阻。将万用表的黑表笔搭在三极管的基极引脚上,红表笔搭在发射极引脚上,测量 PNP 三极管基极与发射极之间的反向电阻,表针读数即为反向电阻,阻值接近无穷大,检测方法如图 3-4-4 所示。

(5) 测 PNP 型三极管发射结的正向电阻。将万用表的红、黑表笔互换,将红表笔搭在三极管的基极引脚上,黑表笔搭在发射极引脚上,测量 PNP 型三极管发射极的正向电阻,表针读数显示有一定阻值,检测方法如图 3-4-5 所示。

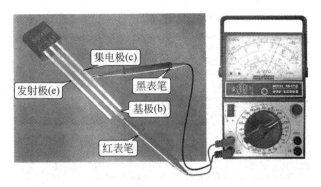

图 3-4-3 PNP 型三极管集电结正向电阻值的检测方法

按上面对发射结正、反向电阻的测试结果,反向电阻接近无穷大,正向电阻较小,可以认为该三极管的发射结质量是好的。

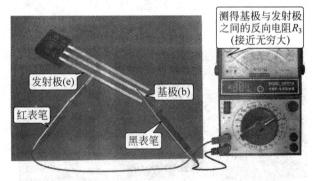

图 3-4-4 PNP 型三极管发射结反向电阻值的检测方法

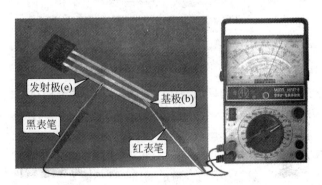

图 3-4-5 PNP 型三极管发射结正向电阻值的检测方法

2) NPN 型三极管的检测方法

与上面的检测过程类似,也是检测集电结和发射结各自的正、反向电阻,以此来判断 NPN 三极管的基本性能如何。

(1) 万用表选择 $R \times 1k$ 欧姆挡,然后进行欧姆调零。

(2) 测 NPN 型三极管集电结的反向电阻。将万用表的红表笔搭在三极管的基极引脚上,黑表笔搭在集电极引脚上,测量 NPN 型三极管基极与集电极之间的反向电阻,表针读数接近无穷大,检测方法如图 3-4-6 所示。

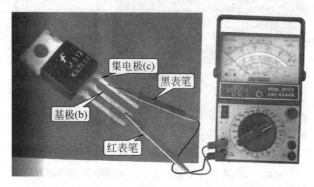

图 3-4-6　NPN 型三极管集电结反向电阻值的检测方法

（3）测 NPN 型三极管集电结的正向电阻。将万用表的红、黑表笔互换,黑表笔搭在三极管的基极引脚上,红表笔搭在集电极引脚上,测 NPN 型三极管基极与发射极之间的正向电阻,表针读数显示有一定的阻值,检测方法如图 3-4-7 所示。

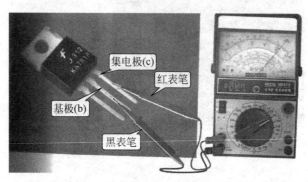

图 3-4-7　NPN 型三极管集电结正向电阻值的检测方法

按上面对集电结正、反向电阻的测试结果,反向电阻接近无穷大,正向电阻较小,可以认为该三极管的集电结质量是好的。

（4）测 NPN 型三极管发射结的反向电阻。将万用表红表笔搭在三极管的基极引脚上,黑表笔搭在发射极引脚上,测量 NPN 型三极管基极与发射极之间的反向电阻值,表针读数接近无穷大,检测方法如图 3-4-8 所示。

（5）测 NPN 型三极管发射结的正向电阻。将万用表红、黑表笔互换,黑表笔搭在三极管基极引脚上,红表笔搭在发射极引脚上,测量 NPN 型三极管基极与发射极之间的正向电阻值,表针读数显示有一定的值,检测方法如图 3-4-9 所示。

2．三极管极性的判别测试

在实践中常常会遇到三极管引脚极性不能确定的情况,此时可用指针式万用表进行测试判别。具体做法如下。

（1）基极 b 的判别。将指针式万用表拨至 $R×1k$ 欧姆挡位置,黑表笔接入三极管的任何一个引脚,红表笔分别去接触另外两个引脚,测量引脚间的正、反向电阻值,直到出现两个被测电阻值均很大的情况（如果测量中出现一个电阻很大,另一个电阻很小的现象,此时需要将黑表笔调换一个电极再进行测量）,此时黑表笔所接触的电极就是三极管的基极 b,而

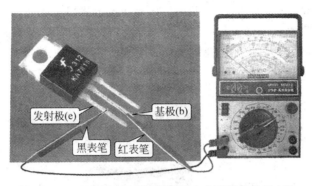

图 3-4-8　NPN 型三极管发射结反向电阻值的检测方法

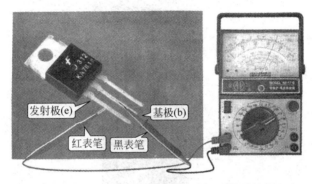

图 3-4-9　NPN 型三极管发射结正向电阻值的检测方法

且还可以确定此三极管为 PNP 型三极管。相反,此时如果测的两个电阻值均很小,则被测三极管应为 NPN 型三极管。

(2)集电极 c 和发射极 e 的判别。万用表保持上述状态,在已知基极的前提下,如果是 NPN 三极管,假定待测的一个引脚是集电极,并用手指同时捏住黑表笔和这个引脚,红表笔接触另一个待测引脚,此时用自己的舌尖触碰基极引脚(这相当于在集电极和基极之间接入一个电阻),观察指针位置的变化,如果指针是从大阻值变为很小的阻值,则这个假定的集电极就是真正的集电极,而另一个引脚就是发射极。如果是 PNP 三极管,要用手指同时捏住红表笔和假定的集电极,黑表笔接触三极管另一个待测引脚,如果出现类似上述的测试结果,则红表笔接触的引脚就是集电极,黑表笔接触的为发射极。

3．三极管温度稳定性的测试

一个性能好的三极管在环境温度变化时,其集电极电流不应有较大的变化(说明反向穿透电流 I_{CEO} 很小)。万用表继续保持上述状态,如果是 NPN 三极管,用黑表笔接触集电极,红黑表笔接触发射极,观察指针当前的位置,然后将三极管的外壳靠近一个热源如白炽灯,看指针位置的变化,如果在原来大阻值的位置向小阻值的方向变化比较缓慢,说明该三极管温度稳定性很好;反之,温度稳定性很差,不能被使用。测 PNP 三极管时,需将红表笔接触集电极。

4．三极管电流放大能力的测试

如果要了解三极管电流放大系数 β 确切的数值,需要用指针式万用表或数字式万用表专用测试插孔来测试(图 3-4-10)。如果只是比较两个三极管的电流放大能力,可以用上述集电极和发射极判别测试中的方法,当用舌尖触碰基极时,看指针从大阻值向小阻值摆动的幅度来判断,摆动幅度越大,说明电流放大能力越强。

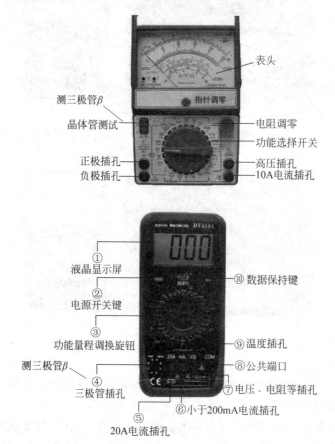

图 3-4-10　用指针式万用表和数字式万用表测三极管的电流放大能力

第 4 章

电子产品安装与调试工艺

一个好的电子产品不仅要有好的设计和好的元器件作支撑,还需要在好的生产工艺指导下进行标准化生产。标准化生产可以使同一型号、同一批次的电子产品其性能保持一致性,这对于提高产品质量和生产效率是非常必要的。电子产品安装与调试就是指在工艺文件指导下进行的各种安装(电气类和机械类)和按产品的技术指标进行的测试和调整,最终使产品达到设计要求。

4.1 电子产品的装配工艺流程

产品的装配工艺是研究产品的加工方法和工作流程。它是以保证产品质量,提高生产效率,降低生产成本为基本原则来进行制订的。

4.1.1 装配工艺流程

电子产品装配的工序因设备的种类、规模不同,其构成也有所不同,但基本工序相似,其过程大致可分为装配准备、装连、调试、检验、入库或出厂等几个阶段,据此就可以制订出制造电子产品最有效的工序。一般整机装配的具体操作流程如图 4-1-1 所示。

由于产品的复杂程度、设备场地条件、生产数量、技术力量及操作员工技术水平等情况的不同,生产的组织形式和工序也要根据实际情况有所变化。例如,样机生产可按工艺流程主要工序进行;若大批量生产,则其装配工艺流程中的印制板装配、机座装配和线束加工等几个工序,可并列进行。

4.1.2 产品加工生产流水线

1. 生产流水线与流水节拍

生产流水线是企业规模化生产普遍采用的生产方式。产品加工生产流水线是把一部整

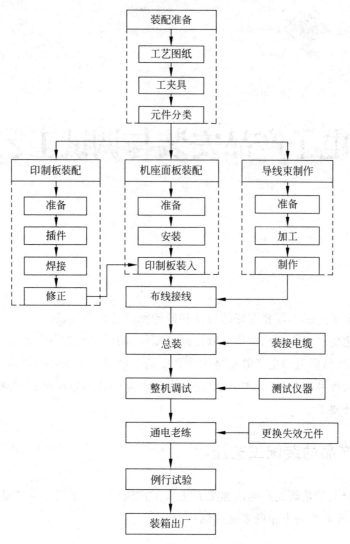

图 4-1-1　装配工艺流程

机的装连、调试工作划分成若干个简单操作,每一个装配员工完成指定操作。在流水操作的工序划分时,要注意到每人操作所用时间应相等,这个时间称为流水的节拍。

生产流水线通常就是一个传送带,待加工的产品放在传送带上可以按顺序抵达各个工位,当行进到某一工位时,装配员工把产品从传送带上取下,按规定完成装连后再放到传送带上,进行下一个操作。传送带的运动有两种方式:一种是间歇运动;另一种是连续运动。每个装配员工的操作必须严格按照所规定的时间节拍进行。完成一部整机所需要的操作和工位(工序)的划分,要根据产品的复杂程度、日产量或班产量来确定。

2. 流水线的工作方式

以电子产品印制板装配为例,印制板插件是一种典型的流水线工作方式。插件形式有自由节拍形式和强制节拍形式两种。

(1) 自由节拍形式。自由节拍形式是由操作者控制流水线的节拍,完成操作工艺。这种方式的时间安排比较灵活,但生产效率低,分为手工操作和半自动化操作两种类型。手工操作时,装配员工按规定插件,剪掉多余引线,进行手工焊接,然后放在流水线上传递。半自动化操作时,生产线上配备了具有剪掉多余引线功能的插件台,每个装配员工独用一台。整块线路板上组件的插装工作完成后,通过传送线送到波峰焊接机上完成焊接工序。

(2) 强制节拍形式。强制节拍形式是指插件板在流水线上连续运行,每个装配员工必须在规定的时间内把所要求插装的元器件、零件准确无误地插到线路板上。这种方式带有一定强制性。这种流水线方式的工作内容简单,动作单纯,记忆方便,可减少差错,提高工效。

4.2 电子产品工艺文件的识读

电子产品在生产过程中需要有相应的技术文件支持,它是电子产品设计、试制、生产、使用和维护的基本依据。技术文件包括设计文件和工艺文件。

设计文件是指产品在设计性试制阶段、生产性试制阶段所形成的各种图、表及各种文字材料。工艺文件是指导生产操作和工艺管理的各种技术文件的总称。它是产品加工、装配、检验的技术依据,也是企业组织生产、产品经济核算、质量控制的主要依据。

设计文件和工艺文件同是指导生产的文件,两者是从不同角度提出要求的。设计文件是原始文件,是生产的依据;而工艺文件是根据设计文件提出的加工方法。因此,熟练掌握电子产品的技术文件,无论是对生产的操作者还是生产的组织和管理者都是十分必要的。

4.2.1 工艺文件的特点

工艺文件是产品加工、装配、检验的技术依据,它是按照一定的条件选择产品生产加工中最合理的工艺过程,将实现这个工艺过程的程序、内容、方法、工具、设备、材料,以及每一个环节应该遵守的技术规程,用文字和图表的形式表示出来。它具有标准严格、格式严谨和管理规范等特点。

(1) 标准严格。电子产品种类繁多,但其表达形式和管理办法必须通用,即其技术文件必须标准化。标准化主要体现为产品技术文件的完整性、正确性和一致性。我国的标准目前分为三级,即国家标准(GB)、专业(部)标准(ZB)和企业标准。

(2) 格式严谨。按照国家标准,工程技术图具有严谨的格式,包括图样编号、图幅、图栏、图幅分区等,其中图幅、图栏采用与机械图兼容的格式,便于技术文件存档和成册。

(3) 管理规范。产品技术文件由技术管理部门进行管理,设计文件的审核、签署、更改、保密等方面都由企业规章制度约束和规范。技术文件中涉及核心技术资料,特别是工艺文件是一个企业的技术资产,对技术文件进行管理和不同级别的保密是企业自我保护的必要措施。

4.2.2 工艺文件的作用

(1) 为生产准备提供必要的资料。

(2) 为生产部门提供工艺方法和流程,便于有序组织产品生产。

(3) 提出各工序和岗位的技术要求和操作方法,保证操作员工生产出符合质量要求的产品。

（4）按照文件要求组织生产部门的工艺纪律管理和员工的管理。

（5）是建立和调整生产环境、保证安全生产的指导文件。

（6）为生产计划部门和核算部门确定工时定额和材料定额，控制产品的制造成本和生产效率。

（7）为企业操作人员的培训提供依据，以满足生产的需要。

4.2.3 工艺文件的分类

工艺文件分为工艺管理文件和工艺规程两大类。

1）工艺管理文件

工艺管理文件是企业科学地组织生产和控制工艺工作的技术文件。不同企业的工艺管理文件的种类不完全一样，但基本文件都应当具备，主要有工艺文件目录、工艺路线表、材料消耗工艺定额明细表、配套明细表、专用及标准工艺装配表等。

2）工艺规程

工艺规程是规定产品和零件的制造工艺过程和操作方法等的工艺文件，是工艺文件的主要部分。它可分为以下几类。

（1）按使用性质可分为以下 3 种。

① 专用工艺规程：专门为某产品或某组件的某一工艺阶段编制的一种工艺文件。

② 通用工艺规程：几种结构和工艺特性相似的产品或组件所公用的工艺文件。

③ 标准工艺规程：某些工序的工艺方法经过长期生产考验已定型，并纳入标准工艺文件。

（2）按加工专业可分为以下 4 种。

① 机械加工工艺卡。

② 电气装配工艺卡。

③ 扎线工艺卡。

④ 油漆涂覆工艺卡。

4.2.4 电子工程图的识读

电子产品的工程图属于产品研制和生产所依据的重要工艺文件。掌握电子产品工程图样的识读，有利于了解电子产品的结构和工作原理，这对于正确装配、检测、调试电子产品是非常重要的。电子工程图就是指导安装用图，通常有印制板电路装配图、接线图、整机装配图等。这些图都是依据电路原理图设计出来的，用于指导不同形式的装配。

1. 印制电路板装配图

印制电路板装配属于元件级装配，是电子产品最重要也是工作量最大的装配工作。在装配图上主要表示各元器件的安装位置，一般不画出印制导线，每个元器件通常用文字加序号和图形的方式来表示，安装时将各元器件"对号入座"，然后进行焊接，如图4-2-1所示。

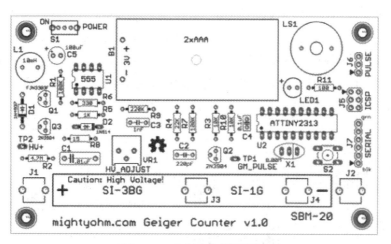

图 4-2-1 印制电路板装配图

2．接线图

接线图是部件级装配用图。部件是指经过元器件级安装后的部分,如印制板、控制面板等。各个部件之间会有电气连接,接线图就是用来表示各部件之间电气连接关系的用图。安装时,按接线图中指示的路径将各部件通过接插件、端子排等进行点对点的连接,如图 4-2-2 所示。

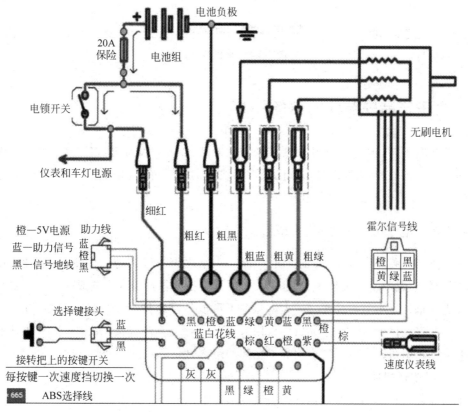

图 4-2-2 产品接线图

3．整机装配图

整机装配图也称总装图。它以实际元器件形状及其相对位置为基础,画出产品的装配关系。这种图样一般在生产装配中使用,如图 4-2-3 所示。装配图包括产品及安装用件(包括材料的轮廓图形);安装尺寸及和其他产品连接的位置与尺寸,安装说明(对安装需用的元件、材料和安装要求等加以说明)。

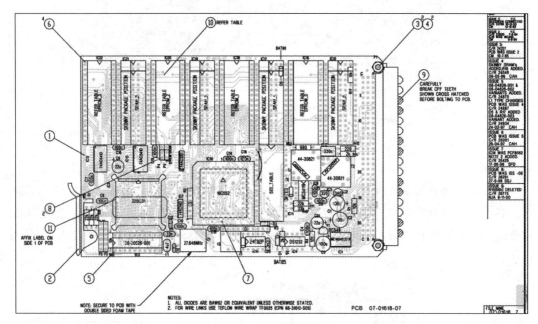

图 4-2-3　整机装配图

4.3　电子产品安装前的准备

凡是在电子产品安装过程中将要涉及的元器件、导线和设备等,在产品安装前都要做好相应的准备和预处理,如元器件引线的成形和线缆的加工等,这是规模化生产、保证产品质量、提高生产效率的一个重要环节。

4.3.1　电子元器件引线的整形

为了便于安装和焊接,提高装配质量和效率,增强电子设备的防振性和可靠性,在安装前,根据安装位置的特点及技术方面的要求,要预先把元器件引线弯曲成一定的形状。元器件引线成形是针对小型器件而言。大型器件不可能悬浮跨接,单独立放,而必须用支架、卡子等固定在安装位置上。小型元器件可用跨接、立、卧等方法焊接,并要求受振动时不变动器件的位置。引线折弯成形要根据焊点之间的距离,做成需要的形状。

1．引线成形标准

手动插装与自动插装对元器件的引线成形有不同的技术要求,见表 4-3-1。

表 4-3-1　不同插装方式的元器件引脚成形技术要求

方　式	图　示	技术要求
手动插装的引线成形	（卧式／立式图示）	（1）引线成形后，元器件本体不应产生破裂，表面封装不应损坏，引线弯曲部分不允许出现模印、压痕和裂纹 （2）成形时，引线弯折处距离根部尺寸应大于 1.5mm，以防止引线折断 （3）引线弯曲半径 R 应大于 2 倍引线直径 d_a，以减少弯折处的机械应力。对立式安装，引线弯曲半径 R 应大于元器件的外形半径 （4）凡有标记的元器件，引线成形后，其标志符号处应在查看方便的位置 （5）引线成形后，两引出线要平行，其间的距离应与印制电路板焊盘孔的距离相同 （6）对于自动焊接方式，可能会出现因振动使元器件歪斜或浮起等缺陷，宜采用具有弯弧形的引线 （7）半导体器件及其他在焊接过程中对热敏感的元件，其引线可加工成圆环形，以加长引线，减小热冲击
自动插装的引线成形	（自动成形图示）	由自动元器件引线成形机完成，元器件引脚弯曲形状，两脚间距必须一致并保持足够的精度

2．引线成形的方法

为达到引线成形标准，一般情况下元器件引线成形可用手工弯折和专用模具弯折两种方法。在生产企业中，整形大都由专用设备来完成。

（1）手工弯折。手工弯折引线可以借助镊子或长嘴钳（尖嘴钳）等工具对引脚整形。

（2）专用模具弯折如图 4-3-1 所示。

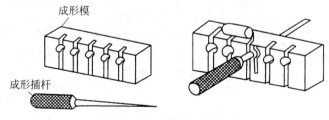

图 4-3-1　专用模具引线成形

（3）机器成形。为了提高生产效率，生产企业可以针对自己产品的特点选用不同的机器成形设备，图 4-3-2（a）所示为全自动 LED 成形机，图 4-3-2（b）所示为全自动电容成形机。

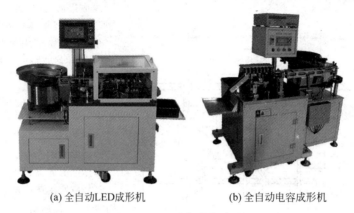

(a) 全自动LED成形机　　　　　　　(b) 全自动电容成形机

图 4-3-2　元器件引线成形机

4.3.2　导线的加工

导线在电子产品中是不可少的线材，它在整机中的电路之间、分机之间进行电气连接与相互间起着传递信号的作用。在整机装配前必须对所使用的线材进行加工。

1. 绝缘导线加工工艺

绝缘导线加工工序为：剪裁、剥头、清洁、捻头（对多股线）、浸锡。主要加工工序分述如表 4-3-2 所示。

表 4-3-2　绝缘导线的加工工序表

加工工序	图　　示	操　　作	注意事项
剪裁	绝缘导线	剪裁绝缘导线时要拉直再剪。剪线要按工艺文件的导线加工表规定进行，长度允许有 5%～10% 的误差	绝缘层已损坏或芯线有锈蚀的导线不能使用
剥头	8~10	剥头长度应符合工艺文件要求，常用的方法有刀剪法和热剪法。刀剪法就是用专用剥线钳进行剥头；热剪法就是用热控剥皮器进行剥头	防止出现损伤芯线，受损伤芯线不能超过总股数的 10%
清洁		清洁的方法有两种：一是用小刀刮去芯线的氧化层；二是用砂纸清除掉芯线上的氧化层和油漆层	刮时注意用力适度以免损伤导线
捻头	30°~45°	多股芯线经过清洁后，芯线易散开，因此必须进行捻头处理，以防止浸锡后线端直径太粗。捻头时应按原来合股方向扭紧。捻线角一般为 30°～45°	捻头时用力不宜过猛，以防捻断芯线

加工工序	图　示	操　作	注意事项
浸锡		经过剥头和捻头的导线应及时浸锡,以防止氧化。常用锡锅浸锡和烙铁手工搪锡。锡锅浸锡是将导线端头蘸上助焊剂,然后将导线垂直插入锅中,并且使浸锡层与绝缘层之间留 1~2mm 间隙,待浸润后取出即可,浸锡时间为 1~3s;手工搪锡就是用电烙铁在导线上慢慢地搪上一层锡	浸锡时间不宜过长,否则会将绝缘层损坏

2. 屏蔽导线的加工

为了防止导线周围的电磁场或电场干扰电路正常工作而在导线外加上金属屏蔽层,这就构成了屏蔽导线。在对屏蔽导线进行端头处理时,应注意去除的屏蔽层不宜太多,否则会影响屏蔽效果。去除的长度应根据导线的工作电压而定,通常可按表 4-3-3 中所列数据进行选取。

由于对屏蔽导线的质地和设计要求不同,线端头加工的方法也不同,主要加工方法和步骤见表 4-3-3。

表 4-3-3　屏蔽导线的加工

加工项目	加工 步 骤		备　注
屏蔽导线不接地端的加工	(1) 用热截法或刀截法剥去一段屏蔽线的外绝缘层		(1) 工作电压 600V 以下去除屏蔽层长度 10~20mm;600~3000V 去除屏蔽层长度 20~30mm;3000V 以上去除屏蔽层长度 30~50mm
	(2) 松散屏蔽层的铜编织线,用左手拿住屏蔽导线的绝缘层,用右手推屏蔽铜编织线,再用剪刀剪断屏蔽铜编织线		
	(3) 将屏蔽铜编织线翻过来,套上热收缩套并加热,使套管套牢		
	(4) 要求截去芯线外绝缘层,然后给芯线浸锡		(2) 线端经过加工的屏蔽导线,一般需要在线端套上绝缘套管,以保证绝缘和便于使用。给线端加绝缘套管,通常用热收缩套管,可用灯泡或电烙铁烘烤,收缩套紧即可
屏蔽导线接地端的加工	(1) 用热截法或刀截法剥去一段屏蔽线的外绝缘层		
	(2) 从屏蔽铜编织线中取出芯线,操作时可用镊子在屏蔽铜编织线上拨开一个小孔,弯曲屏蔽线层,从小孔中取出导线		

续表

加工项目	加工步骤		备　注
屏蔽导线接地端的加工	（3）将屏蔽铜编织线拧紧，也可以将屏蔽铜编织线剪短并去掉一部分，然后焊上一段引出线，以做接地线用		
	（4）去掉一段芯线绝缘层，并将芯线和屏蔽铜编织线进行浸锡，对较粗、较硬屏蔽导线接地端的加工，采用镀银金属导线缠绕引出接地端的方法	2~6	

4.3.3　线扎制作

在较复杂的电子产品中，分机之间、电路之间的导线很多，为了使配线整洁，简化装配结构，减少占用空间，方便安装维修，并使电气性能稳定可靠，通常将这些互联导线绑扎在一起，成为具有一定形状的导线束，常称线扎。

线扎制作过程如下：剪截导线及加工线端、线端印标记、制作配线板、排线、扎线。有关工序具体见表 4-3-4。

表 4-3-4　线扎制作工序

操作步骤	图解说明	制作要求
剪裁导线及加工线端	操作过程及要求与绝缘导线加工相同	（1）绑入线扎中的导线应排列整齐，不得有明显的交叉和扭转
线端印标记	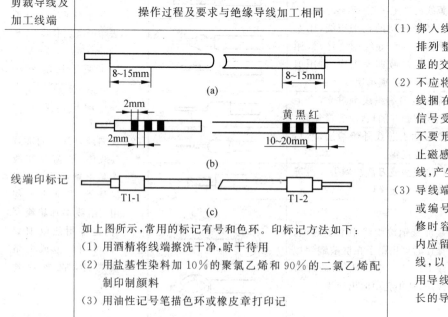 如上图所示，常用的标记有号和色环。印标记方法如下： （1）用酒精将线端擦洗干净，晾干待用 （2）用盐基性染料加 10% 的聚氯乙烯和 90% 的二氯乙烯配制印制颜料 （3）用油性记号笔描色环或橡皮章打印记	（2）不应将电源线和信号线捆在一起，以防止信号受干扰。导线束不要形成环路，以防止磁感应线通过环形线，产生磁、电干扰 （3）导线端头应打印标记或编号，以便装配、维修时容易识别。线扎内应留有适量的备用线，以便于更换。备用导线应是线扎中最长的导线

续表

操作步骤	图 解 说 明	制 作 要 求
制作配线板及在配线板上排线	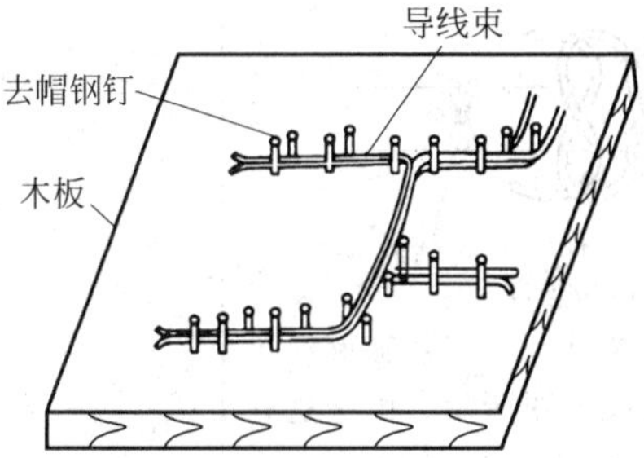 如上图所示 (1) 将1:1的配线图贴在足够大的平整木板上,在图上盖一层透明薄膜,以防止图样受污损。再在线扎的分支或转弯处钉上去头铁钉,并在铁钉上套一段聚氯乙烯套管,以便扎线 (2) 按导线加工表和配线板上的图样排列导线。排线时,屏蔽导线应尽量放在下面,然后按先短后长的顺序排完所有导线	(4) 线扎不宜绑得太松或太紧。绑得太松会失去绑扎的作用,太紧又可能损伤导线的绝缘层。同时,打结时系结不要倾斜,以防止线束松散 (5) 扎结与结之间的距离要均匀,间距的大小视线扎直径的大小而定,一般间距取线扎直径的2～3倍。在绑扎时还应根据线扎的分支情况,适当增加或减少结扎点。为了美观,结扣一律打在线束下面 (6) 扎分支处应有足够的圆弧过渡,以防止导线受损。通常弯曲半径应比线扎直径大两倍以上 (7) 需要经常移动位置的线扎,在绑扎前应将线束拧成绳状,并缠绕聚氯乙烯胶带或套上绝缘套管,然后绑扎好 (8) 绑扎时不能用力拉线扎中的某一根线,以防止把导线中的芯线拉断
扎线	黏合剂结扎 当导线比较少时,可用黏合剂粘合成线束,如上图所示。操作时,应注意粘合完成后,不要立即移动线束,经过2～3min,待黏合剂凝固以后方可移动 线扎搭扣绑扎 线扎搭扣又叫线卡子、线箍,其样式较多,一般用尼龙或其他较柔软的塑料制成,绑扎时可用专用工具拉紧,最后剪去多余部分	

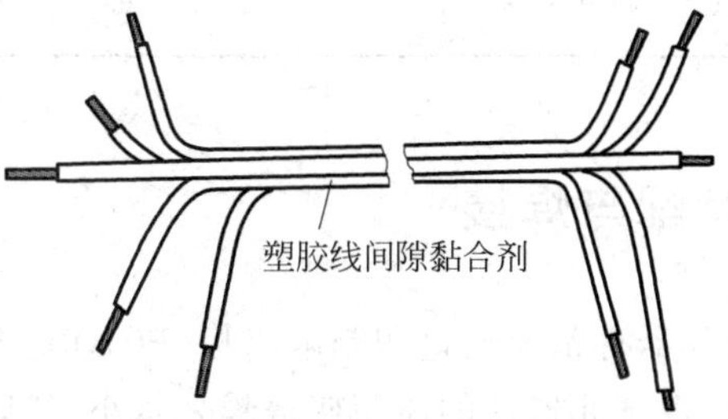

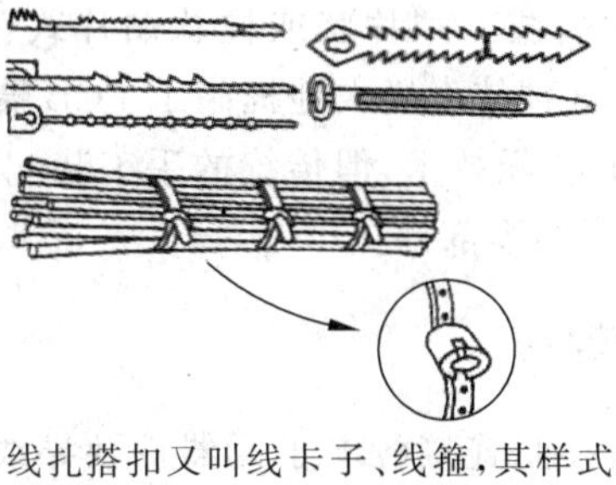

续表

操作步骤		图 解 说 明	制 作 要 求
扎线	线绳绑扎	绑扎　　打结　点结形 　　　　（双死结） 点结绑扎法：点结是用棉线、尼龙线、亚麻线等扎线打成不连续的结，如上图所示。由于这种打结法比连续结简单，可节省工时，因此点结法正逐渐地替代连续结 连续绑扎法：用一根棉线、尼龙线、亚麻线等扎线打一个初结，再打若干个中间结，最后打一个终结，称为连续结	

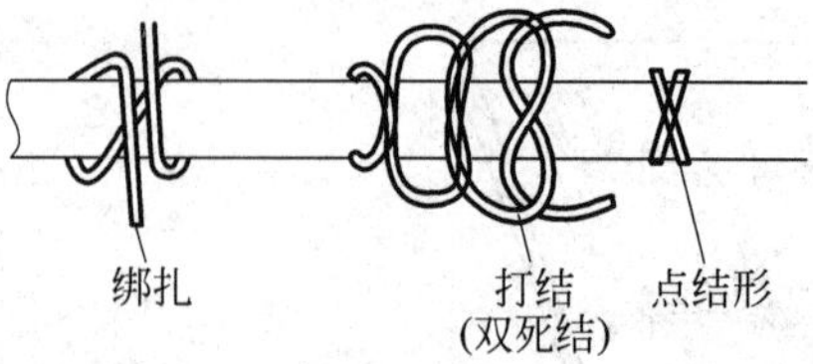

4.4　印制电路板的装配与焊接

电子产品所用的大部分元器件都要通过印制电路板(PCB)完成固定和连接。随着新材料的出现和制造工艺的进步，电子元器件的体积变得越来越小，使印制电路板的装配与焊接方式也在不断变化，从最初的手工插件、手工焊接发展到大部分元器件可以通过自动化设备来完成安装和焊接，这是在电子制造行业出现的一项重大技术进步，为电子装置、产品的小型化奠定了基础。

电子元器件体积变小实际上使封装形式发生了变化，传统的电阻、三极管等元器件都有引线，为"直插式"封装(用 DIP 表示)，在 PCB 板上采用"通孔"安装方式；而目前使用的小体积电阻、三极管没有引线或仅有短引线，为"片状或柱状贴片式"封装(用 SMD 表示)，在 PCB 上采用表面安装技术(SMT)。这种技术极大地提高了 PCB 器件容量和密度。

尽管目前已经有了先进的 SMT 装配技术，但传统的手工装配焊接还是不可缺少的，尤其是在电子设备的维修上需要人工拆焊零部件。

4.4.1　普通元器件的手工焊接

在电子产品整机组装过程中，焊接是连接各电子元器件及导线的主要手段。手工焊接是传统的焊接方法，在电子产品的维修、调试中都会用到手工焊接。焊接质量的好坏也将直接影响到维修效果。

1. 焊接工具

电烙铁是手工焊接的主要工具,用于印制电路板上各种元器件的焊接。在手工焊接过程中,它把足够的热量通过烙铁头传送到焊接部位,以熔化焊料,从而使焊料和被焊金属连接起来。正确使用电烙铁是电子装接工必须具备的技能之一。

1) 电烙铁分类及结构

常见的电烙铁按其加热的方式不同,分为外热式和内热式两大类。如图 4-4-1 所示。其规格是用功率来表示的,常用的规格有 20W、25W、30W、35W、45W、75W、100W 等。

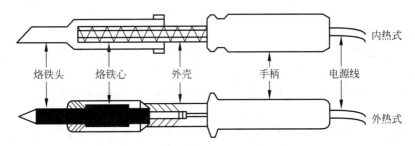

图 4-4-1　内热式和外热式电烙铁结构示意图

(1) 外热式电烙铁

外热式电烙铁(图 4-4-2)的发热部件是烙铁心,它是将发热丝均匀地缠绕在云母片绝缘的圆柱形管上,烙铁头插在烙铁心中间。因烙铁心装在烙铁头外面,故称为外热式。

外热式电烙铁既适合于焊接大型元器件,也适合于焊接小型的元器件。由于其烙铁心在烙铁头的外面,大部分的热量散发到外部空间,所以加热率较低,加热速度较缓慢,一般要预热 6～7min 才能焊接。但它有烙铁头使用的时间较长、功率较大的优点。

(2) 内热式电烙铁

内热式电烙铁(图 4-4-3)的发热部件烙铁心是将发热丝均匀地缠绕在一根密封的陶瓷管上,然后插在烙铁头里面直接对烙铁头加热,故称为内热式。

由于内热式电烙铁的烙铁头套在发热体的外面,使热量从内部传到烙铁头,具有热得快,加热率高、体积小、重量轻、耗电省、使用灵巧等优点,适合于焊接小型的元器件。但其电烙铁头因温度高而易氧化变黑,烙铁心易被摔断,且功率小,一般只有 20W、35W、50W 等几种规格。

(3) 恒温电烙铁

恒温电烙铁(图 4-4-4)的烙铁头内,装有磁铁式温度控制器,在通电后能自动保持合适的焊接温度,以保证焊接质量。在焊接温度不宜过高、焊接时间不宜过长的元器件时,应选用恒温电烙铁,但其价格较高。

此外,在电子装接中,吸锡电烙铁(图 4-4-5)能在拆焊元器件时很方便地把多余的焊锡吸除。它是将活塞式吸锡器与电烙铁融为一体的焊接工具,具有使用方便、灵活、适用范围广等特点。

2) 电烙铁的选用

焊接时,通常应根据手工焊接工艺的不同要求,选择相应类型和规格的电烙铁。选用时,主要从以下几方面考虑。

(1) 必须满足焊接所需的热量,并能在操作中保持一定的温度。

196

通针
备用吸咀

图 4-4-2　外热式电烙铁　　图 4-4-3　内热式电烙铁　　图 4-4-4　恒温电烙铁　　图 4-4-5　吸锡电烙铁

（2）升温快，热效率高。

（3）体积小，操作方便，工作寿命长。烙铁头的形状适应被焊物体形状空间的要求。

3）电烙铁的使用方法

为了能够顺利且安全地进行焊接操作并延长电烙铁的使用寿命，在操作中应当注意以下几点。

（1）合理使用电烙铁。初次使用电烙铁一定要将烙铁头浸上一层锡，焊接时要使用松香或助焊剂。擦拭烙铁头要用浸水海绵或湿布，不能用砂纸或锉刀打磨烙铁头。焊接结束后，不要擦去烙铁头上的焊料。在使用过程中，要轻拿轻放，不能随意敲击，以免损坏内部发热部件。

（2）电烙铁外壳要接地。长时间不用时，应切断电源。定期检查电源线是否短路。

（3）在使用外热式电烙铁时，要经常清理电烙铁壳体内的氧化物，防止烙铁头卡死在壳体内。

（4）使用焊剂时，一般使用松香或中性焊剂，以免腐蚀电子元器件及烙铁头。

（5）电烙铁工作时，要放在特制的烙铁铁架上，以免烫坏其他物品。

2．手工焊接与拆焊方法

1）焊锡与助焊剂

焊接时所用焊锡称为共晶焊锡（图 4-4-6）。共晶焊锡中，锡占 63%，铅占 37%，熔点为 $183℃$。助焊剂（图 4-4-7）在焊接过程中，用于去除被焊金属表面的氧化层，增强焊锡的流动性，使焊点美观。常用的助焊剂有松香和松香酒精两种。

名称：助焊剂
型号：KYX-803
规格：0.5L（约0.42KG）
颜色：透明
特点：焊点光亮/饱满/上锡快
用途：适用于电线路板上锡
　　　浸焊/波峰焊/喷雾等
　　　多种焊接工艺

图 4-4-6　焊锡丝　　　　　　图 4-4-7　助焊剂

2）焊接方法

最常用的锡焊方法是点锡焊接法，如图 4-4-8 所示。具体步骤如下。

步骤一：准备施焊。左手拿焊丝，右手握电烙铁，进入备焊状态。要求烙铁头保持干净，无焊渣等氧化物，并在表面镀有一层焊锡。

焊锡丝 电烙铁

铜箔

元件引脚

(a) 准备施焊　(b) 加热焊件　(c) 送入焊丝　(d) 移开焊锡丝　(e) 移开电烙铁

图 4-4-8　五步点锡焊接方法

步骤二：加热焊件。烙铁头靠在焊件的连接处,加热整个焊件全体,时间为 1～2s。对于在印制板上焊接元器件来说,要注意使烙铁头同时接触两个被焊接物。例如图 4-4-8(b)中的元器件引线与焊盘要同时均匀受热。

步骤三：送入焊丝。当焊件的焊接面被加热到一定程度时,焊丝从烙铁头对面接触焊件,而不是把焊丝送到烙铁头上。

步骤四：移开焊丝。当焊丝熔化到一定量后,立即向左上 45°方向移开焊丝。

步骤五：移开电烙铁。

利用焊接的方法进行连接而形成的接点叫焊点,合格的焊点的要求如下。

(1) 焊点要有足够的机械强度,保证电气连接的牢固可靠。

(2) 焊点光洁整齐,表面光泽平滑,无裂纹、针孔、夹渣。形状为近似圆锥而表面微凹。虚焊点表面往往呈凸形。

元器件装焊顺序依此为：电阻、电容、二极管、三极管、集成电路、大功率管,其他器件的顺序为先小后大。

3) 拆焊方法

调试或维修电气线路时,经常要更换一些电子元器件,这就要求操作者掌握拆焊工艺,如果操作不当,会损坏印制电路板或电子元器件。

对于电阻、电容、二极管等引脚少的电子元器件,可直接用电烙铁拆焊,具体方法如图 4-4-9 所示。

对于多引脚的元器件,由于引脚多拆卸起来比较麻烦,在这种情况下需要借助一些工具,如吸锡带（图 4-4-10）、吸锡器（图 4-4-11）、吸锡电烙铁等。

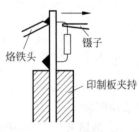

镊子

烙铁头

印制板夹持

图 4-4-9　一般元器件的拆焊示意图

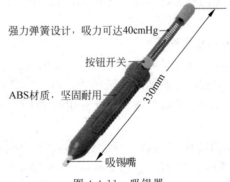

强力弹簧设计,吸力可达40cmHg

按钮开关

ABS材质,坚固耐用

330mm

吸锡嘴

图 4-4-10　吸锡带　　　　图 4-4-11　吸锡器

吸锡带是一种通过毛细吸收作用吸取焊料的细铜丝编织带,如图 4-4-10 所示。吸锡带拆焊操作方法如图 4-4-12 所示。

（1）将铜编织带放在被拆的焊点上。

（2）用电烙铁对吸锡带和被拆的焊点进行加热。

（3）焊料熔化时，焊点上的焊锡逐渐熔化并被吸锡带吸去。

（4）如果拆焊点没完全吸除，可重复进行。

吸锡电烙铁的烙铁头中间有小孔，小孔通吸气筒，通过吸气筒在电烙铁头处产生的负压把焊点的焊锡吸入筒内，拆焊时，吸锡电烙铁加热和吸锡同时进行，拆焊操作方法如图 4-4-13所示。

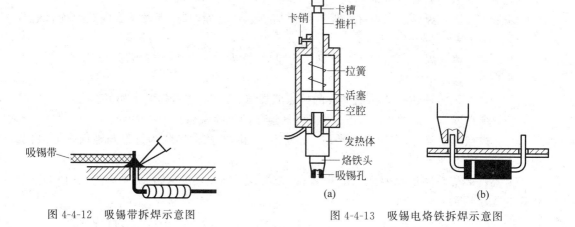

图 4-4-12　吸锡带拆焊示意图

图 4-4-13　吸锡电烙铁拆焊示意图

4.4.2　表面贴装元器件的手工贴装焊接

表面贴装元器件的手工贴装焊接比直插件焊接的难度大，需要严格按照操作步骤进行。焊接步骤如下。

1. 清洁和固定 PCB 板

在焊接前应对要焊的 PCB 进行检查，确保其干净（图 4-4-14）。对其上面的表面油性的手印以及氧化物之类的要进行清除，从而不影响上锡。手工焊接 PCB 时，如果条件允许，可以用焊台之类的固定好从而方便焊接，一般情况下用手固定就好，值得注意的是，避免手指接触 PCB 上的焊盘影响上锡。

2. 固定贴片元件

贴片元件的固定是非常重要的。根据贴片元件的引脚多少，其固定方法大体上可以分为两种——单脚固定法和多脚固定法。对于引脚数目少（一般为 2～5 个）的贴片元件，如电阻、电容、二极管、三极管等，一般采用单脚固定法，即先在板上对元件的一个焊盘上锡（图 4-4-15）。

然后，左手拿镊子夹持元件放到安装位置并轻抵住电路板，右手拿电烙铁靠近已镀锡焊盘，熔化焊锡将该引脚焊好（图 4-4-16）。焊好一个焊盘后元件已不会移动，此时镊子可以松

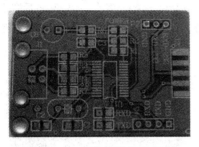

图 4-4-14　一块干净的 PCB 板

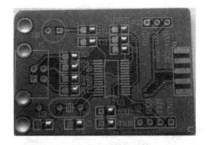

图 4-4-15　对于引脚少的元件应先单脚上锡

开。而对于引脚多而且多面分布的贴片芯片,单脚是难以将芯片固定好的,这时就需要多脚固定,一般可以采用对脚固定的方法(图 4-4-17)。即焊接固定一个引脚后又对该引脚对面的引脚进行焊接固定,从而达到整个芯片被固定好的目的。需要注意的是,引脚多且密集的贴片芯片,引脚精准地对齐焊盘尤其重要,应仔细检查核对,因为焊接的好坏都是由这个前提决定的。值得强调的是,芯片的引脚一定要判断正确,否则将前功尽弃。

图 4-4-16　对引脚少的元件进行固定焊接

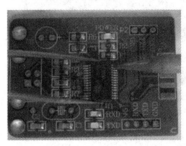

图 4-4-17　对引脚较多的元件进行对脚或多脚固定焊接

3．焊接剩下的引脚

元件固定好之后,可接着对剩下的引脚进行焊接。对于引脚少的元件,可左手拿焊锡,右手拿电烙铁,依次点焊即可。对于引脚多而且密集的芯片,除了点焊外,可以采取拖焊,即在一侧的引脚上足锡,然后利用电烙铁将焊锡熔化往该侧剩余的引脚上抹去(图 4-4-18),熔化的焊锡可以流动,因此有时也可以将板子适当地倾斜,从而将多余的焊锡丢掉。值得注意的是,不论点焊还是拖焊,都很容易造成相邻的引脚被锡短路。这点不用担心,因为可以去掉,需要关心的是所有的引脚都与焊盘很好的连接在一起,没有虚焊。

4．清除多余焊锡

在步骤 3 中提到焊接时所造成的引脚短路现象,现在来讲一下如何处理多余的焊锡。一般而言,可以用吸锡带将多余的焊锡吸掉。吸锡带的使用方法很简单,向吸锡带加入适量助焊剂(如松香)然后紧贴焊盘,用干净的烙铁头放在吸锡带上,待吸锡带被加热到要吸附焊盘上的焊锡融化后,慢慢地从焊盘的一端向另一端轻压拖拉,焊锡即被吸入带中。应当注意的是,吸锡结束后,应将烙铁头与吸上了锡的吸锡带同时撤离焊盘,此时如果吸锡带粘在焊盘上,千万不要用力拉吸锡带,而是再向吸锡带上加助焊剂或重新用烙铁头加热后再轻拉吸锡带,使其顺利脱离焊盘并且要防止烫坏周围元器件。如果没有专用吸锡带,可以采用电线中的细铜丝来自制吸锡带(图 4-4-19)。自制的方法如下:将电线的外皮剥去,露出其里面的细铜丝,此时用电烙铁熔化一些松香在铜丝上就可以了。清除多余的焊锡之后的效果如图 4-4-20 所示。此外,如果对焊接结果不满意,可以重复使用吸锡带清除焊锡,再次焊接元件。

图 4-4-18　对引脚较多的贴片芯片进行拖焊

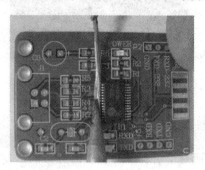

图 4-4-19　用自制的吸锡带吸去芯片引脚上多余的焊锡

图 4-4-20　清除多余焊锡后的效果图

5.清洗焊接的地方

　　焊接和清除多余的焊锡之后,芯片基本上就焊接好了。但是由于使用松香助焊和吸锡带吸锡的缘故,板上芯片引脚的周围残留了一些松香,虽然不影响芯片工作和正常使用,但不美观,而且有可能给检查造成不方便,因此有必要对这些残余物进行清理。常用的清理方法可以用洗板水,在这里,采用了酒精清洗,清洗工具可以用棉签,也可以用镊子夹着卫生纸进行(图 4-4-21)。清洗擦除时,应该注意的是酒精要适量,其浓度最好较高,以快速溶解松香之类的残留物。其次,擦除的力道要控制好,不能太大,以免擦伤阻焊层以及伤到芯片引脚等。清洗完毕的效果如图 4-4-22 所示。此时可以用电烙铁或者热风枪对酒精擦洗位置进行适当加热,以让残余酒精快速挥发。至此,芯片的焊接就结束了。

图 4-4-21　用酒精清除焊接时所残留的松香

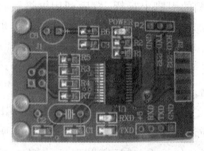

图 4-4-22　用酒精清洗焊接位置后的效果

4.4.3　工业生产焊接技术

1.普通元器件的自动波峰焊接

　　在电子产品生产企业中,产品进行大批量生产必须实现自动化。其中印制电路板的自动化焊接设备是最重要的设备之一。波峰焊机是在浸焊机基础上发展起来的自动焊接设备,如图 4-4-23 所示。

波峰焊是针对插件器件的一种焊接工艺,将熔融的液态焊料,借助于泵的作用,在焊料槽液面形成特定形状的焊料波,插装了元器件的 PCB 板在传送链上经过某一特定的角度以及一定的浸入深度穿过焊料波峰而实现焊点。

图 4-4-23　波峰焊机

1) 内部结构

波峰焊机主要由传送带、加热器、锡槽、泵、助焊喷雾装置等组成,主要分为助焊剂添加区、预热区、焊接区、冷却区,如图 4-4-24 所示。

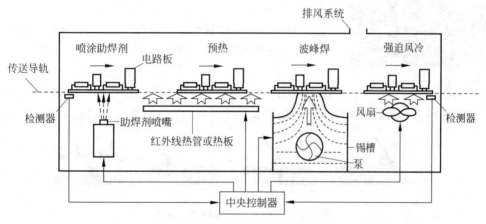

图 4-4-24　波峰焊机内部结构示意图

2) 工作过程

在波峰焊机内部,锡槽被加热,从而使焊锡熔融。根据焊接要求,机械泵使液态焊锡从喷口涌出,形成特定形态的、连续不断的锡波。

已完成插件工序的印制电路板放在导轨上,以匀速直线运动的形式向前移动,印制电路板顺序经过涂敷助焊剂和预热。电路板在焊接前被预热,可以减小温差、避免热冲击。预热温度为 90～120℃。预热时间必须控制得当。电路板的焊接面在通过焊锡波峰时进行焊接,焊接面经过冷却后完成焊接过程,最后经检测被传送出来,冷却方式大都为强迫风冷,正确的冷却温度与时间,有利于改进焊点的外观与可靠性。

2. 表面贴装元器件的自动安装焊接

表面贴装元器件的自动安装焊接运用了表面安装技术(SMT),这是一种电子装联技术,是目前电子组装行业里最流行的一种技术和工艺。这种技术是在 PCB 焊盘上印刷锡膏,然后放上表面贴装元器件,再经过回流焊使锡膏熔化,让各元器件与 PCB 板焊接装配的技术。SMT 生产线如图 4-4-25 所示。

1) SMT 生产线

SMT 生产线通常包括以下设备。

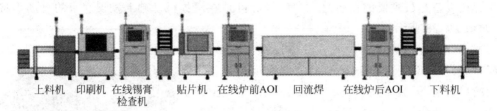

上料机　印刷机　在线锡膏　　贴片机　在线炉前AOI　回流焊　在线炉后AOI　下料机
　　　　　　　检查机

图 4-4-25　SMT 生产线

（1）贴片机：又叫拾放机，是 SMT 生产线核心设备，其作用是把元器件拾起后放置到印制电路板上。衡量指标有贴片速度、精度和智能性，如图 4-4-26 所示。

（2）锡膏印刷机：用于将锡膏印刷到 PCB 板上，可分为半自动和全自动锡膏印刷机。锡膏印刷过程（截面图）如图 4-4-27 所示。

（3）回流炉：或称回流焊机（图 4-4-28）。把 PCB 板上用于焊接元器件的焊膏熔化并形成优良的焊接。

（4）波峰焊：用于焊接通孔插装元器件。

图 4-4-26　贴片机在工作

（5）检查设备：用于检查生产过程的不良，如 SPI 设备用来检测锡膏印刷的品质；AOI 设备利用机器视觉对焊接后的产品进行检测。

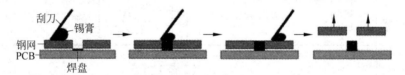

图 4-4-27　锡膏印刷过程（截面图）

2）SMT 组装工艺简介

（1）单面组装工艺

来料检测→丝印焊膏（点贴片胶）→贴片→烘干（固化）→回流焊接→清洗→检测→返修，如图 4-4-29所示。

（2）单面混装工艺

来料检测→PCB 的 A 面丝印焊膏（点贴片胶）→贴片→烘干（固化）→回流焊接→清洗→插件→波峰焊→清洗→检测→返修，如图 4-4-30 所示。

图 4-4-28　小型回流焊机

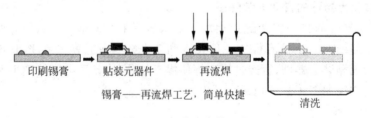

印刷锡膏　　贴装元器件　　再流焊　　　　　清洗

锡膏——再流焊工艺，简单快捷

图 4-4-29　单面组装工艺

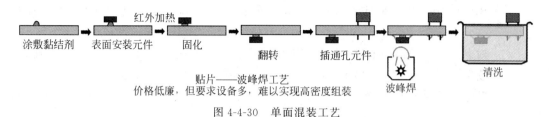

涂敷黏结剂　　表面安装元件　　固化　　翻转　　插通孔元件　　波峰焊　　清洗

红外加热

贴片——波峰焊工艺
价格低廉，但要求设备多，难以实现高密度组装

图 4-4-30　单面混装工艺

4.5 电子产品整机安装工艺

4.5.1 整机装配的概念

整机装配就是依据工艺文件的要求，把加工好的电路板、机壳、面板和其他部件等装配成电子整机。

整机的安装通常是指用紧固件、黏合剂等，将产品的元器件和零部件通过各种联结方式，按图纸要求装在规定的位置上，从而组成产品。联结方式可分为固定联结和活动联结两类。固定联结时，各种构件之间没有相对运动。它又可分为可拆卸的，如螺装、销装、键等；不可拆卸的，如铆装、焊装、压合、粘结、热压等。活动联结时，各构件之间有既定的相对运动。

4.5.2 电子产品安装工艺原则和基本要求

1．安装工艺的原则

电子产品的安装是一个较为复杂的过程，它是将品种数量繁多的电子元器件、机械元件、导线和其他材料采取不同的联结方式和安装方法，分阶段、有步骤地结合在一起的一个工艺过程。因此，除了应当遵循各种联结方式及相互之间的合理顺序外，还应注意以下安装原则：先轻后重、先小后大、先铆后装、先装后焊、先里后外、先下后上、先平后高、上道工序不得影响下道工序、下道工序不得改动上道工序等。

总的目的是安排合理的顺序、安装顺手、工效高，各工序间有机地衔接，保证安装质量。

2．安装工艺基本要求

安装工艺的基本要求是指在安装操作过程中必须遵循的基本要求。

（1）未经检验合格的元器件、零部件不许安装。已检验合格的元器件、零部件在安装前要检查外观，表面应无伤痕，涂覆应无损坏。

（2）安装时，电子元器件、机械零件的引线方向、极性、安装位置应当正确，不应歪斜。金属封装电子元器件不应相互接触，插件装配应美观整齐、均匀端正、高低有序。

（3）对于电子元器件的安装及引线加工，所采取的方法不得使电子元器件的参数、性能发生变化或受损。引线弯曲处距根部要大于 1.5mm。

（4）需要进行机械安装（螺装、铆装等）的电子元器件，焊接前应当固定，焊接后则不应再调整安装。

（5）安装中的机械活动部分，如控制器、开关等必须使其动作平滑、自如，不能有阻滞现象。

（6）用紧固件安装接地线焊片时，在安装位置处要去掉涂漆层和氧化层，使其接触良好。

（7）对载有大功率高频电流的元件，用紧固件安装时，不允许有毛刺，以防止尖端放电。

（8）安装中需要钻孔等机械加工时，加工后仔细清理铁屑。

（9）粘结安装部位应当洁净、平整，胶剂不应外溢和不足，粘结后初期不应受振动和冲击。

（10）铆装应当紧固，不允许有松动现象。铆钉不应偏斜，铆钉头部不应开裂、不光滑等。

（11）安装时，不得将异物遗忘在整机中，应当在安装中注意及时清理，如焊渣、螺钉、螺母、垫圈、导线头、废物以至元件、工具等。

4.6 电子产品的检测与调试

各种电子产品的装配制作过程，仅仅是把所有的元器件、零部件按图纸要求联结起来。由于各种元器件的参数具有很大的离散性、元件装配位置对分布参数的影响及接地点的影响等原因，使得装配好的电路或整机往往不能立即达到预定的要求，实现预定的功能。它们在装配过程中和装配结束后，都要通过一系列调试来达到规定的技术指标和实现预定功能。对于批量生产，还要保持全部调试过程中的工艺完整性，即生产过程中的稳定性、产品的一致性和可靠性。稳定性就是要保证生产过程能够按计划进行有节奏的均衡生产；一致性是无论何时、何种天气都能确保所有产品符合技术指标，能适应规定的环境条件；可靠性是保证所有产品都能在规定的使用条件下正常工作，并符合一定的平均无故障工作时间指标。

4.6.1 调试的基本要求

为防止外界信号的干扰及整机本身对其他设备的干扰，调试工作应在屏蔽室内进行。所有仪器设备与调试对象的接地应并联，且接成统一的地线。各单元电路的调试，要能保证整机对本单元技术指标的要求；在整机调试时，应按整机的性能要求提出调试的技术指标，以便使调试好的整机性能达到预定的功能。

为了提高调试的效率，在保证调试技术要求的前提下，要考虑调试设备的通用性、操作复杂性、安全性和维修方便性。一般情况下，要尽量使用通用设备，如万用表、示波器；在生产线上，优先考虑使用专用设备，简化操作步骤。

调试的步骤、方法应简单明了，调试过程要合理省时，对生产线上的调试人员要求操作熟练、准确。

4.6.2 调试的安全措施

（1）调试台灯工作场所必须铺设绝缘胶垫，使调试人员与地绝缘。禁止赤脚、穿拖鞋进入调试场所。

（2）所有电源线、电源开关、插头座、保险丝座都不允许有带电导体裸露，其工作电压、工作电流不能超过额定值。

（3）仪器和电器的外壳必须有良好的接地。

（4）不允许带电操作,需要时必须使用带绝缘保护的工具操作。

（5）使用调压器时必须注意安全,调压器输入、输出的公共端必须接零线。有条件时使用220V隔离变压器供电。

（6）接通电源前,先检查电路连线有无短路等异常现象;接通电源后,再检查输入电压是否正确。通电后,若发现元器件有异常发热、冒烟、高压打火等现象,应立即关掉电源,找出故障原因并排除故障,以免扩大故障范围或造成不可修复的故障。

（7）关掉电源后,对中、高压及大容量电容器必须先用放电棒短接放电,存储电荷泄放完毕再进行其他操作。

（8）对场效应管电路与器件必须采取防静电措施。在更换元器件或改变连接之前,首先关掉电源。

（9）工厂调试时,无关人员不得进入工作场所,任何人不得随意拨弄电源总闸、仪器设备的电源开关及各种旋钮,以免造成事故。调试结束或离开工作现场前,应先关掉所有设备的电源开关,拔去插头,拉开总闸,方可离去。

4.6.3　调试的程序步骤

开始调试之前,要熟悉整机的工作原理、技术条件及有关指标,能正确使用仪器、仪表。简单、小型电子制作或产品在安装焊接完成后,可直接进行调试。对于复杂的产品则要先调试各单元电路、功能电路。达到指标后再进行整机调试。

调试过程是一个循序渐进的过程,一般步骤是:先外后内,先调结构部分,后调电气部分。电气部分是先调静态,后调动态,先调孤立部分,后调相互影响部分,先调基本指标,后调影响质量的项目。调试后,应按规定进行负荷试验,并定时对各种指标进行测试,做好记录。若带负荷后仍能正常工作,则整机调试完毕。

4.6.4　基本调试技术

1. 静态测试与调整

晶体管、集成电路等有源器件必须在一定静态工作点上工作,才能表现出良好的动态特性,所以在动态调整之前必须对各功能电路的静态工作点进行测量与调整,使其符合原设计要求。静态调试一般是指在没有外加信号的条件下测试电路各点电位,测出的数据与设计数据相比较,若超出规定范围,则应分析原因,并作适当调整。

1）供电电源静态电压测试

对任何一个电子产品的调试,首先应从它的电源开始。因为电源电压是各级电路静态工作点是否正常的前提,电源电压偏高或偏低都不能测出准确的静态工作点。对电源电压测试需要进行两步,先测其空载时的电压,然后测其带载时的电压。带载后的电压如果比正常要求值低很多,则说明电源有问题。

2）测试单元电路的工作电流

每个单元电路的工作电流都有一个正常的范围,如果电流偏大,则说明电路中有短路或漏电现象;若电流偏小,说明电路有开路现象。

3）测试三极管的静态电压

三极管有三种工作状态：放大、饱和、截止。在每一种状态下，三个极对地电位都有一个固定关系，如表 4-6-1 所示。所以可通过测试三极管各极对地电位值来判断三极管的工作状态。

表 4-6-1　三极管三种工作状态下的三个极的电位关系

三极管类型	三极管三种工作状态下三个极的电位关系		
	放大状态	饱和状态	截止状态
NPN 型	$V_C > V_B > V_E$	$V_C < V_B > V_E$	$V_C > V_B \leqslant V_E$
PNP 型	$V_C < V_B < V_E$	$V_C > V_B < V_E$	$V_C < V_B \geqslant V_E$

4）集成电路静态工作点的测试

（1）集成放大器静态测试

运算放大器的静态和电源设置有关，对于采用正负对称双电源的运算放大电路，在静态时输出电位应为零，但由于多种因素影响，可能出现不为零的情况，这时可通过调零电路使输出为零；对于采用单电源的运算放大电路，如果要放大交流信号，其静态工作点要设在 $\frac{1}{2}V_{CC}$ 处。

（2）数字集成电路静态测试

数字集成电路无论是门电路还是触发器，它们的静态值要符合它们各自应有的逻辑状态。

2．动态调试与调整

静态调试正常后，便可进行动态调试。动态调试就是在电路的输入端输入适当频率和幅度的信号，按照信号的流向逐级检验各测试点的信号波形和有关参数，通过调整相应的可调元件，使各项技术指标符合要求。

1）电路动态工作电压的测试

对电路动态时的电压测试，可以判断电路的基本工作情况。对于放大电路输入、输出电压的测试，可以估算电路的电压放大倍数；对于振荡电路动态电压的测试，可判断电路是起振还是处于停振状态。

2）波形的测试与调整

（1）波形的测试

为了掌握电路的工作状态是否符合设计指标的要求，通常是根据观察电路的输入、输出波形做出分析判断。因此对电路的波形测试是动态测试中重要的手段之一。

波形测试一般是指用示波器或专用仪器对电路相关点的电压或电流信号的波形、幅度、周期、频率等状态参数进行的测试。

（2）波形的调整

如果对波形测试的结果与正常情况比较有较大偏差，就应当对相关参数进行调整，以使波形显示为正常状态。

4.6.5　整机的调试

一个电子产品可能会设计有多种功能，如手机，除了打电话外，还具有照相机、收音机、录音机等功能。那么在产品的各单元电路调试完成后,需要对整机进行最后的调试,整机调试的目的是保证电子产品的各项功能及其性能指标均能达到设计要求。整机调试流程一般有以下几个步骤。

(1) 整机外观检查:主要检查外观部件是否完整,操作是否正常。

(2) 整机内部结构检查:主要检查内部连线的分布是否合理、整齐和牢固,各单元电路板或其他部件与基座之间是否紧固。

(3) 整机功耗测试:整机功耗是电子产品设计的一项重要技术指标。

(4) 整机统调:在各单元电路同时进入工作状态的情况下,既要看各自的作用能否体现,又要看相互之间的配合是否顺畅。

(5) 整机技术指标的测试:这是对电子产品最后的测试,是指按照整机技术指标要求和相应的测试方法对产品的测试。通过测试,判断产品是否能达到质量要求的技术水平。

(6) 整机老化和环境试验:为了验证产品的质量,在将要出厂的产品中取其部分进行老化测试和环境试验,这样可以提早发现产品中一些隐藏的故障,特别是可以发现带有共性的故障,以便通过修改设计进行补救。老化测试就是对电子产品长时间通电运行,并测量其无故障工作时间。环境试验一般是根据电子产品工作的环境确定具体的测试内容,并按照国家规定的方法进行试验。

附录 A 万用表的使用常识

万用表是用来测量交/直流电压、电阻、直流电流等的仪表,是电工和无线电制作的必备工具。万用表有指针式和数字式两大类。指针式万用表小巧结实,经济耐用,灵敏度高,但读数精度稍差;数字式万用表读数精确,显示直观,有过载保护,但价格较贵。

1. 指针式万用表的使用

常见的指针式万用表主要有 500 型、MF47 型、MF64 型、MF50 型、MF15 型等,它们虽然功能各异,但结构和原理基本相同。从外观上看,它们一般由表头、电阻挡调零旋钮、转换开关、插孔及表笔等组成。

1) FM47 型万用表面板结构

MF47 型万用表是一种高灵敏度、多量程的便携式整流系仪表,能完成交/直流电压、直流电流、电阻等基本项目的测量,还能估测电容器的性能等。MF47 型万用表外形如图 A-1 所示,背面有电池盒。

(1) 表头

万用表的表头是灵敏电流计。表头上有表盘(印有多种符号、刻度线和数值)和机械零位旋钮。流经表头的电流只能从正极流入,从负极流出。在测量直流电流时,电流只能从与"+"插孔相连的红表笔流入,从与"−"插孔相连的黑表笔流出;在测量直流电压时,红表笔接高电位,黑表笔接低电位,否则,一方面测不出数值,另一方面很容易损坏表针。

MF47 型万用表的表盘如图 A-2 所示。

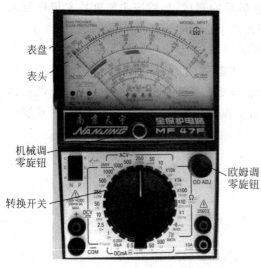

图 A-1 MF47 型万用表外形结构图

图 A-2 MF47 型万用表的表盘结构

表盘上的符号 A-V-Ω-C 表示这只表是可以测量电流、电压和电阻的多用表。表盘上印有多条刻度线,其中右端标有"Ω"的是电阻刻度线,其右端表示零,左端表示∞,刻度值分布是不均匀的。符号"－"表示直流,"～"表示交流,"≈"表示交流和直流共用的刻度线,hFE表示晶体管放大倍数刻度线,dB表示分贝电平刻度线。在测量元件电阻的同时,测出元件中流过的电流和它两端的电压。

（2）转换开关

转换开关用来选择被测电量的种类和量程（或倍率）,是一个多挡位的旋转开关。MF47型万用表的测量项目包括:电流、直流电压、交流电压和电阻。每挡又划分为几个不同的量程（或倍率）以供选择。当转换开关拨到电流挡,可分别与五个接触点接通,用于500mA、50mA、5mA、0mA 和 50μA 量程的电流测量;同样,当转换开关拨到电阻挡,可用×1、×10、×100、×1k,表内配有 1.5V 干电池;×10k 挡,表内配有 15V 叠层电池,专为测量大电阻使用。当转换开关拨到直流电压挡,可用于 0.25V、1V、2.5V、10V、50V、250V、500V 和 1000V 量程的直流电压测量。当转换开关拨到交流电压挡,可用于 10V、50V、250V、500V、1000V 量程的交流电压测量。音频电平挡（dB）:－10～＋22dB。

（3）机械调零旋钮和电阻挡调零旋钮

机械调零旋钮的作用是调整表针静止时的位置。万用表进行任何测量时,其表针应指在表盘刻度线左端"0"的位置上,如果不在这个位置,可调整该旋钮使其到位。

电阻挡调零旋钮的作用是当红、黑两表笔短接时,表针应指在电阻（欧姆）挡刻度线的右端"0"的位置,如果不指在"0"的位置,可调整该旋钮使其到位。需要注意的是,每转换一次电阻挡的量程,都要调整该旋钮,使表针指在"0"的位置上,以减小测量的误差。

（4）表笔插孔

表笔分为红、黑两支,使用时应将红色表笔插入标有"＋"号的插孔中,黑表笔插入标有"－"号的插孔中。另外,MF47型万用表还提供 2500V 交/直流电压扩大插孔以及 5A 的直流电流扩大插孔。使用时分别将红表笔移至对应插孔中即可。

2）万用表的基本使用方法

（1）测试表笔的使用

万用表有红、黑表笔,如果位置接反、接错,将会带来测试错误或烧坏表头的可能性。一般红表笔为"＋",黑表笔为"－"。表笔插放万用表插孔时一定要严格按颜色和正、负插入。测直流电压或直流电流时,一定要注意正、负极性。测电流时,表笔与电路串联;测电压时,表笔与电路并联。

（2）插孔和转换开关的使用

首先要根据测试目的选择插孔或转换开关的位置,由于使用时测量电压、电流和电阻等交替的进行,一定不要忘记换挡。

电压的测量将量程选择开关的尖头对准标有 V 的五挡范围内。若是测交流电压则应指向 V～处。以此类推,如果要改测电阻,开关应指向欧姆挡范围。测电流应指向 mA 或μA。测量电压时,要把万用表表笔并接在被测电路上。根据被测电路的大约数值,选择一个合适的量程位置。在实际测量中,遇到不能确定被测电压的大约数值时,可以把开关先拨到最大量程挡,再逐挡减小量程到合适的位置。测量直流电压时应注意正、负极性,若表笔接反了,表针会反打。如果不知道电路正、负极性,可以把万用表量程放在最大挡,在被测电路上很快试一下,看表针怎么偏转,就可以判断出正、负极性。

测 220V 交流电。把量程开关拨到交流 500V 挡。这时满刻度为 500V,读数按照刻度 1：1 来读。将两表笔插入供电插座内,表针所指刻度处即为测得的电压值。测量交流电压时,表笔没有正、负之分。

(3) 如何正确读数

万用表使用前应检查指针是否归零位,可调整表盖上的机械调节器,调至零位。万用表有多条标尺,一定要认清对应的读数标尺,不能把交流和直流标尺任意混用。万用表同一测量项目有多个量程,例如直流电压量程有 1V、10V、15V、25V、100V、500V 等,量程选择应使指针满刻度的 2/3 附近。测电阻时,应将指针指向该挡中心电阻值附近,这样才能使测量准确。

3) 指针式万用表使用中的安全注意事项

(1) 使用万用表之前,应充分了解各转换开关、专用插口、测量插孔以及相应附件的作用,理解刻度盘读数的含义。

(2) 万用表在使用时,一般应水平放置在干燥、无振动、无强磁场的条件下使用。

(3) 不能带电测量电阻。测量一个电阻的阻值,必须保证电阻处于无源状态,也就是测量时,电阻上没有其他电源或者信号。特别在电路板带电工作时,严禁测量其中的电阻,否则,除测量结果没有意义外,还会将万用表的保险丝烧毁。

(4) 不能超限测量。超限测量是指万用表指针处于超量程状态。此时,万用表指针右偏至极限,极易损坏指针。发生超限测量,一般是由于量程不合适造成。选择合适的量程或者在外部增加分压、分流措施都可以避免超限测量。

(5) 不要让万用表长期工作于测量电阻状态。万用表仅在测量电阻时消耗电池。因此,为了让万用表电池工作更长的时间,在不使用万用表时,一般应将量程转换开关置于直流或者交流 500V 挡。

(6) 测量完毕,应将量程选择开关调到最大电压挡,防止下次开始测量时不慎烧坏万用表。如果长期不使用,还应将万用表内部的电池取出来,以免电池腐蚀表内其他器件。

(7) 不要随意调节机械调零。测量电阻时需要调节调零电位器,是因为不同的电阻挡位需要不同的附加电阻,并且电池电压一直在变化。而机械调零在出厂调好后,一般不需要调整。因此,不要随意调节机械调零。

(8) 在测量某一电量时,不能在测量的同时换挡,尤其是在测量高电压或大电流时,更应注意。否则,会使万用表毁坏。如需换挡,应先断开表笔,换挡后再测量。

(9) 在万用表测量高电压时,务必注意不要接触高压。万用表的表笔脱离表体、导线漏电等都有可能导致触电。因此,在测量高电压时,测试者一定要保持高度警觉。

2. 数字式万用表的使用

现在,数字式测量仪表已成为主流,有取代模拟式仪表的趋势。与模拟式仪表相比,数字式仪表灵敏度高,准确度高,显示清晰,过载能力强,便于携带,使用更简单。下面以 VC9802 型数字万用表(图 A-3)为例,简单介绍其使用方法和注意事项。

VC9802 型数字万用表具有多种功能,可以测量交/直流电压/电流、电阻、电容、频率、电路通断及自动极性显示、超量程提示、电池低电压提示、测量参数、过载保护等功能。具有大屏幕显示字迹清楚、防磁、抗干扰能力强等特点。表 A-1 所示为 VC9802 型数字万用表的量程。

图 A-3　VC9802 型数字万用表

表 A-1　VC9802 型数字万用表的量程

基本功能	量　　　程
直流电压	200mV/2V/20V/200V/1000V
交流电压	2V/20V/200V/750V
直流电流	20mA/200mA/20A
交流电流	20mA/200mA/20A
电阻	200Ω/2kΩ/20kΩ/200kΩ/2MΩ/200MΩ
电容	20nF/200nF/2μF/200μF

1) 使用方法

(1) 使用前,应认真阅读有关的使用说明书,熟悉电源开关、量程开关、插孔、特殊插口的作用。

(2) 将电源开关置于 ON 位置。

(3) 交/直流电压的测量:根据需要将量程开关拨至 DCV(直流)或 ACV(交流)的合适量程,红表笔插入 V/Ω 孔,黑表笔插入 COM 孔,并将表笔与被测线路并联,读数即显示。

(4) 交/直流电流的测量:将量程开关拨至 DCA(直流)或 ACA(交流)的合适量程,红表笔插入 mA 孔(<200mA 时)或 10A 孔(>200mA 时),黑表笔插入 COM 孔,并将万用表串联在被测电路中即可。测量直流量时,能自动显示极性。

(5) 电阻的测量:将量程开关拨至 Ω 的合适量程,红表笔插入 V/Ω 孔,黑表笔插入 COM 孔。如果被测电阻值超出所选择量程的最大值,万用表将显示"1",这时应选择更高的量程。测量电阻时,红表笔为正极,黑表笔为负极,这与指针式万用表正好相反。因此,测量晶体管、电解电容器等有极性的元器件时,必须注意表笔的极性。

2) 使用注意事项

(1) 如果无法预先估计被测电压或电流的大小,则应先拨至最高量程挡测量一次,再视情况逐渐把量程减小到合适位置。测量完毕,应将量程开关拨到最高电压挡,并关闭电源。

(2) 满量程时,仪表仅在最高位显示数字"1",其他位均消失,这时应选择更高的量程。

(3) 测量电压时,应将与被测电路并联。测电流时,应与被测电路串联,测直流量时,不必考虑正、负极性。

(4) 当误用交流电压挡去测量直流电压,或者误用直流电压挡去测量交流电压时,显示屏将显示"000",或低位上的数字出现跳动。

(5) 禁止在测量高电压(220V 以上)或大电流(0.5A 以上)时换量程,以防止产生电弧,烧毁开关触点。

(6) 当显示 ⊞、BATT 或 LOW BAT 时,表示电池电压低于工作电压,需要更换电池。

3. 指针表和数字表的选用

(1) 指针表读取精度较差,但指针摆动的过程比较直观,其摆动速度幅度有时也比较客观地反映了被测量的大小[比如测电视机数据总线(SDL)在传送数据时的轻微抖动];数字表读数直观,但数字变化的过程看起来很杂乱,不太容易观看。

（2）指针表内一般有两块电池，一块是低电压的 1.5V，一块是高电压的 9V 或 15V，其黑表笔相对红表笔来说是正端。数字表则常用一块 6V 或 9V 的电池。在电阻挡，指针表的表笔输出电流相对数字表来说要大很多，用 $R\times1$ 欧姆挡可以使扬声器发出响亮的"哒"声，用 $R\times10k$ 欧姆挡甚至可以点亮发光二极管（LED）。

（3）在电压挡，指针表内阻相对数字表来说比较小，测量精度相对较差。某些高电压微电流的场合甚至无法测准，因为其内阻会对被测电路造成影响（比如在测电视机显像管的加速级电压时，测量值会比实际值低很多）。数字表电压挡的内阻很大，至少在兆欧级，对被测电路影响很小。但极高的输出阻抗使其易受感应电压的影响，在一些电磁干扰比较强的场合测出的数据可能是虚的。

（4）总之，在相对来说大电流、高电压的模拟电路测量中适用指针表，比如电视机、音响功放。在低电压、小电流的数字电路测量中适用数字表，比如手机等。这不是绝对的，可根据情况选用指针表和数字表。

附录 B 常用集成电路引脚图

1. 集成运算放大器

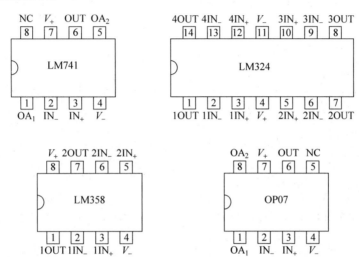

2. 集成比较器

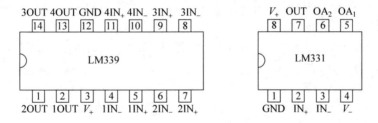

3. 集成功率放大器

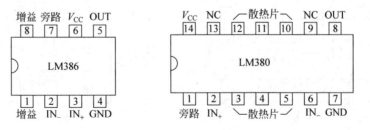

4. 555 时基电路

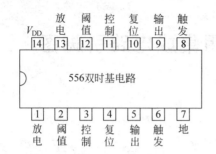

5. 74 系列 TTL 集成电路

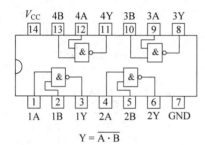

$$Y = \overline{A \cdot B}$$

74LS00 四 2 输入正与非门

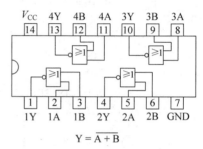

$$Y = \overline{A + B}$$

74LS02 四 2 输入正或非门

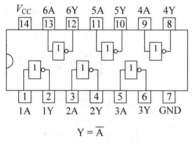

$$Y = \overline{A}$$

74LS04 六反相器

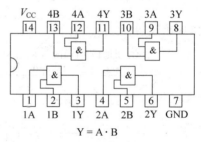

$$Y = A \cdot B$$

74LS08 四 2 输入正与门

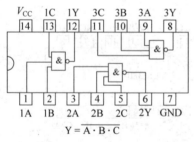

$$Y = \overline{A \cdot B \cdot C}$$

74LS10 三 3 输入正与非门

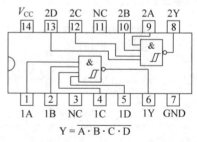

$$Y = \overline{A \cdot B \cdot C \cdot D}$$

74LS13 双 4 输入正与非门(有施密特触发器)

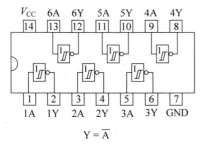

Y = $\overline{A}$

74LS14 六反相器施密特触发器

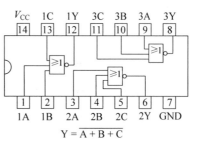

Y = $\overline{A+B+C}$

74LS27 三输入正或非门

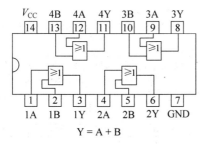

Y = A + B

74LS32 四 2 输入正或门

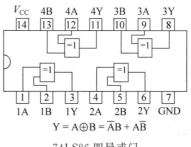

Y = A⊕B = $\overline{A}$B + A$\overline{B}$

74LS86 四异或门

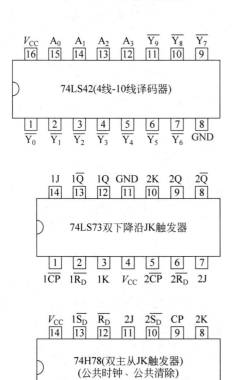

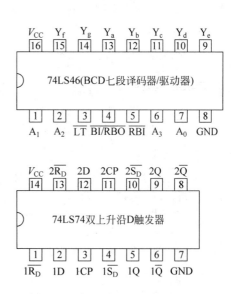

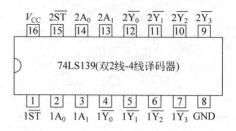

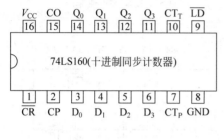

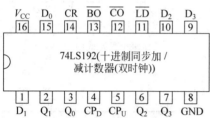

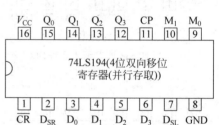

6. CMOS 集成电路

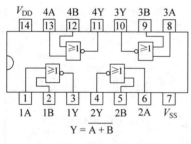

$$Y = \overline{A + B}$$

4001 四 2 输入正或非门

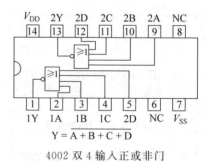

$$Y = \overline{A + B + C + D}$$

4002 双 4 输入正或非门

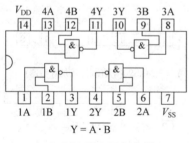

$$Y = \overline{A \cdot B}$$

4011 四 2 输入正与非门

$$Y = \overline{A \cdot B \cdot C \cdot D}$$

4012 双 4 输入正与非门

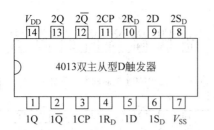

4013双主从型D触发器

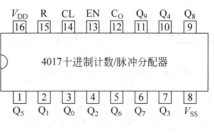

4017十进制计数/脉冲分配器

4022八进制计数/脉冲分配器

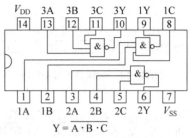

$$Y = \overline{A \cdot B \cdot C}$$

4023 三3输入正与非门

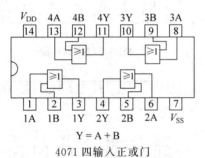

$$Y = A + B$$

4071 四输入正或门

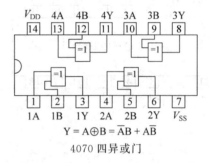

$$Y = A \oplus B = \overline{A}B + A\overline{B}$$

4070 四异或门

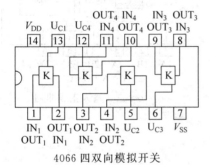

4066 四双向模拟开关

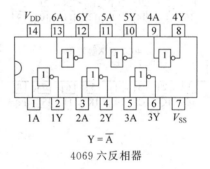

$$Y = \overline{A}$$

4069 六反相器

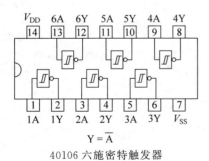

$$Y = \overline{A}$$

40106 六施密特触发器

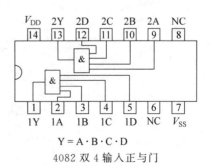

$$Y = \overline{A \cdot B \cdot C \cdot D}$$

4082 双4输入正与门

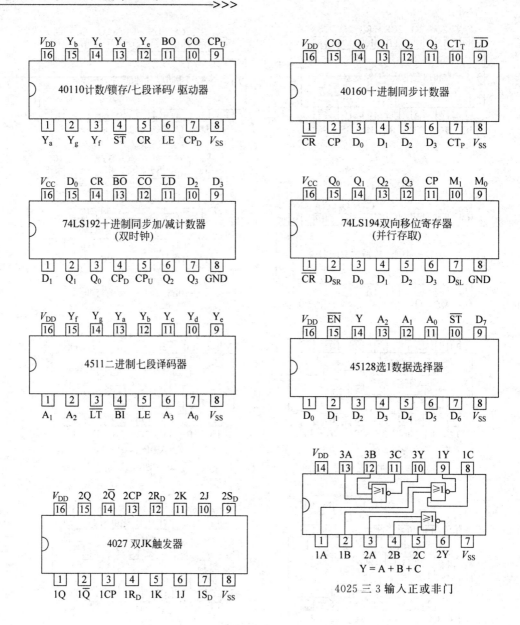

V_{DD}	Y_b	Y_c	Y_d	Y_e	BO	CO	CP_U	
16	15	14	13	12	11	10	9	

40110计数/锁存/七段译码/驱动器

1	2	3	4	5	6	7	8
Y_a	Y_g	Y_f	$\overline{ST}$	CR	LE	CP_D	V_{SS}

V_{DD}	CO	Q_0	Q_1	Q_2	Q_3	CT_T	$\overline{LD}$
16	15	14	13	12	11	10	9

40160十进制同步计数器

1	2	3	4	5	6	7	8
$\overline{CR}$	CP	D_0	D_1	D_2	D_3	CT_P	V_{SS}

V_{CC}	D_0	CR	$\overline{BO}$	$\overline{CO}$	$\overline{LD}$	D_2	D_3
16	15	14	13	12	11	10	9

74LS192十进制同步加/减计数器
(双时钟)

1	2	3	4	5	6	7	8
D_1	Q_1	Q_0	CP_D	CP_U	Q_2	Q_3	GND

V_{CC}	Q_0	Q_1	Q_2	Q_3	CP	M_1	M_0
16	15	14	13	12	11	10	9

74LS194双向移位寄存器
(并行存取)

1	2	3	4	5	6	7	8
$\overline{CR}$	D_{SR}	D_0	D_1	D_2	D_3	D_{SL}	GND

V_{DD}	Y_f	Y_g	Y_a	Y_b	Y_c	Y_d	Y_e
16	15	14	13	12	11	10	9

4511二进制七段译码器

1	2	3	4	5	6	7	8
A_1	A_2	$\overline{LT}$	$\overline{BI}$	LE	A_3	A_0	V_{SS}

V_{DD}	$\overline{EN}$	Y	A_2	A_1	A_0	$\overline{ST}$	D_7
16	15	14	13	12	11	10	9

45128选1数据选择器

1	2	3	4	5	6	7	8
D_0	D_1	D_2	D_3	D_4	D_5	D_6	V_{SS}

V_{DD}	2Q	$2\overline{Q}$	2CP	$2R_D$	2K	2J	$2S_D$
16	15	14	13	12	11	10	9

4027 双JK触发器

1	2	3	4	5	6	7	8
1Q	$1\overline{Q}$	1CP	$1R_D$	1K	1J	$1S_D$	V_{SS}

V_{DD}	3A	3B	3C	3Y	1Y	1C
14	13	12	11	10	9	8

1	2	3	4	5	6	7
1A	1B	2A	2B	2C	2Y	V_{SS}

$Y = A + B + C$

4025 三 3 输入正或非门

附录 C　示波器的使用

　　示波器是一种用途很广的电子测量仪器,它既能直接显示电信号的波形,又能对电信号进行各种参数的测量。下面以 GOS-620 双踪示波器为例,简要介绍示波器的使用。图 C-1 所示为 GOS-620 双踪示波器的面板示意图。

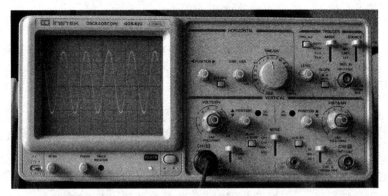

图 C-1　GOS-620 双踪示波器的面板示意图

GOS-620 双轨迹示波器面板布局图如图 C-2 所示。

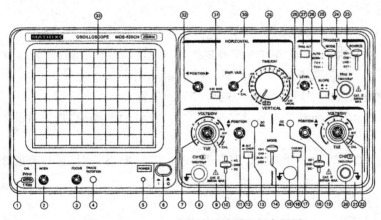

图 C-2　GOS-620 双轨迹示波器面板布局图

1. 前面板说明

1) CRT

⑥——电源:主电源开关,当此开关开启时二极管⑤发亮。

②——亮度:调节轨迹或亮点的亮度。

③——聚焦:调节轨迹或亮点的聚焦。

④——轨迹旋转:半固定的电位器来调整水平轨迹与刻度线平行。

㉝——滤色片：使波形看起来更加清晰。

2）垂直轴

⑧——CH1(X)输入：在 X-Y 模式下，作为 X 轴输入端。

⑳——CH2(Y)输入：在 X-Y 模式下，作为 Y 轴输入端。

⑩、⑱——AC-GND-DC：选择垂直输入信号的输入方式。

AC：交流耦合。

GND：垂直放大器的输入接地，输入端断开。

DC：直流耦合。

⑦、㉒——垂直衰减开关：调节垂直偏转灵敏度从 5mV/div-5V/div 分 10 挡。

⑨、㉑——垂直微调：微调灵敏度大于或等于 1/2.5 标示值。

⑬、⑰——CH1 和 CH2 的 DC BAL：这两个用于衰减器的平衡调试。

⑪、⑲——▼▲垂直位移：调节光迹在屏幕上的垂直位置。

⑭——垂直方式：选择 CH1 与 CH2 放大器的工作模式。

CH1 或 CH2：通道 1 或通道 2 单独显示。

DUAL：两个通道同时显示。

ADD：显示两个通道的代数和 CH1＋CH2。按下 CH2 INV⑯按键，为代数差 CH1－CH2。

⑫——AT/CHOP：在双踪显示时，放开此键，表示通道 1 与通道 2 交替显示（通常用于扫描速度较快的情况下）；当按下此键时，通道 1 与通道 2 同时继续显示（通常用于扫描速度较慢的情况下）。

⑯——CH2 INV：通道 2 的信号反向，当按下此键时，通道 2 的信号以及通道 2 的触发信号同时反向。

3）触发

㉔——外触发输入端子：用于外部触发信号。当使用该功能时，开关㉓应设置在 EXT 位置上。

㉓——触发源选择：选择内（INT）或外（EXT）触发。

CH1：当垂直方式选择开关⑭设定在 DUAL 或 ADD 状态时，选择通道 1 作为内部触发信号源。

CH2：当垂直方式选择开关⑭设定在 DUAL 或 ADD 状态时，选择通道 2 作为内部触发信号源。

LINE：选择交流电源作为触发信号。

EXT：外部触发信号接于㉔作为触发信号源。

㉗——TRIG. ALT：当垂直方式选择开关⑭设定在 DUAL 或 ADD 状态时，而且触发源开关㉓选在通道 1 或通道 2 上，按下㉗时，它会交替选择通道 1 和通道 2 作为内触发信号源。

㉖——极性：触发信号的极性选择。"＋"上升沿触发，"－"下降沿触发。

㉘——触发电平：显示一个同步稳定的波形，并设定一个波形的起始点。向"＋"旋转，触发电平向上移，向"－"旋转，触发电平向下移。

㉕——触发方式：选择触发方式。

AUTO：自动,当没有触发信号输入时扫描处在自由模式下。

NORM：常态,当没有触发信号时,踪迹处在待命状态并不显示。

TV—V：电视场,当想要观察一场的电视信号时,可选择此方式。

TV—H：电视行,当想要观察一行的电视信号时(仅当同步信号为负脉冲时,方可同步电视场和电视行信号),可选择此方式。

㉘——触发电平锁定：将触发电平旋钮㉘向顺时针方向转到底,听到"咔嗒"一声后,触发电平被锁定在一固定电平上,这时改变扫描速度或信号幅度,不再需要调节触发电平即可获得同步信号。

4）时基

㉙——水平扫描速度开关：扫描速度可以分 20 挡,从 0.2μs/div 到 0.5s/div。当设置到 X-Y 位置时,可用作 X-Y 示波器。

㉚——水平微调：微调水平扫描时间,使扫描时间被校正到与面板上 TIME/DIV 指示一致。TIME/DIV 扫描速度可连续变化。当反时针旋转到底为校正位置。整个延时可达 2.5 倍以上。

㉜——➔◄—水平位移：调节光迹在屏幕上的水平位置。

㉛—— 扫描扩展开关：按下时,扫描速度扩展 10 倍。

5）其他

①——CAL：提供幅度为 $2V_{pp}$ 频率 1kHz 的方波信号,用于校正 10：1 探头的补偿电容器和检测示波器垂直与水平的偏转因数。

⑮——GND：示波器机箱的接地端子。

2．单一频道基本操作法

以 CH1 为范例,介绍单一频道的基本操作法。CH2 单频道的操作程序是相同的,仅需注意要改为设定 CH2 栏的旋钮及按键组。插上电源插头之前,请务必确认后面板上的电源电压选择器已调至当前的电源电压位置上(本仪器可使用两种电压,AC 115V/AC 230V)。确认之后,请依照表 C-1,顺序设定各旋钮及按键。

表 C-1 设定顺序表

项 目		设 定
POWER	⑥	OFF 状态
INTEN	②	中央位置
FOCUS	③	中央位置
VERT MODE	⑭	CH1
ALT/CHOP	⑫	凸起（ALT）
CH2 INV	⑯	凸起
⬍ POSITION	⑪ ⑲	中央位置
VOLTS/DIV	⑦ ㉑	0.5V/div
VARIABLE	⑨ ㉒	顺时针转到底 CAL 位置
AC-GND-DC	⑩ ⑱	GND
SOURCE	㉓	CH1
SLOPE	㉖	凸起（＋斜率）
TRIG. ALT	㉗	凸起

续表

项　目		设　定
TRIGGER MODE	㉕	AUTO
TIME/DIV	㉙	0.5ms/div
SWP. VAR	㉚	顺时针到底 CAL 位置
◀POSITION▶	㉜	中央位置
×10 MAG	㉛	凸起

按照表 C-1 设定完成后,插上电源插头,继续下列步骤。

(1) 按下电源开关⑥,并确认电源指示灯⑤亮起。约 20s 后,CRT 显示屏上应会出现一条轨迹,若在 60s 之后,仍未有轨迹出现,请检查上列各项设定是否正确。

(2) 转动 INTEN②及 FOCUS③钮,以调整出适当的轨迹亮度及聚焦。

(3) 调 CH1 POSITION⑪钮及 TRACE ROTATION④,使轨迹与中央水平刻度线平行。

(4) 将探棒连接至 CH1 输入端⑧,并将探棒接上 2V_{pp} 校准信号端子①。

(5) 将 AC-GND-DC⑩置于 AC 位置,此时,CRT 上会显示如图 C-3 所示的波形。

(6) 调整 FOCUS③钮,使轨迹更清晰。

(7) 欲观察细微部分,可调整 VOLTS/DIV⑦及 TIME/DIV㉙钮,以显示更清晰的波形。

(8) 调整◆ POSITION⑪及◀POSITION▶㉜钮,以使波形与刻度线齐平,并使电压值(V_{pp})及周期(T)易于读取。

3. 双频道操作法

双频道操作法与单一频道基本操作法的步骤大致相同,仅需按照下列说明略作修改。

(1) 将 VERT MODE⑭置于 DUAL 位置。此时,显示屏上应有两条扫描线,CH1 的轨迹为校准信号的方波;CH2 则因尚未连接信号,轨迹呈一条直线。

(2) 将探棒连接至 CH2 输入端⑳,并将探棒接上 2V_{pp} 校准信号端子①。

(3) 按下 AC-GND-DC 置于 AC 位置,调◆ POSITION⑪⑲钮,以使两条轨迹同时显示,如图 C-4 所示。

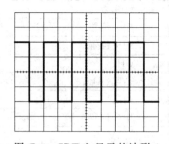

图 C-3　CRT 上显示的波形 1

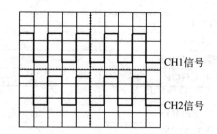

图 C-4　CRT 上显示的波形 2

当 ALT/CHOP 放开时(ALT 模式),则 CH1&CH2 的输入信号将以交替扫描方式轮流显示,一般适用于水平扫描速度较快的情况;当 ALT/CHOP 按下时(CHOP 模式),则 CH1&CH2 的输入信号将以大约 250kHz 斩切方式显示在屏幕上,一般适用于水平扫描速度较慢的情况。

在双轨迹(DUAL 或 ADD)模式中操作时,SOURCE 选择器㉓必须拨向 CH1 或 CH2 位置,选择其一作为触发源。若 CH1 及 CH2 的信号同步,二者的波形皆会是稳定的;若不同步,则仅有选择器所设定的触发源的波形会稳定,此时,若按下 TRIG. ALT 键㉗,则两种波形皆会同步稳定显示。

注意:请勿在 CHOP 模式时按下 TRIG. ALT 键,因为 TRIG. ALT 键功能仅适用于 ALT 模式。

4. ADD 操作

将 MODE 选择器⑭置于 ADD 位置时,可显示 CH1 及 CH2 信号相加之和;按下 CH2 INV 键⑯,则会显示 CH1 及 CH2 信号之差。为求得正确的计算结果,事前要先以 VAR. ⑨㉑钮将两个频道的精确度调成一致。任一频道的⬍ POSITION 钮皆可调整波形的垂直位置,但为了维持垂直放大器的线性,最好将两个旋钮都置于中央位置。

附录 D　EWB 仿真软件介绍

Electronics Work Bench(简称 EWB)中文称为电子工程师仿真工作室。该软件是加拿大交换图像技术有限公司(INTERACTIVE IMAGE TECHNOLOGIES Ltd.)在 20 世纪 90 年代初推出的 EDA 软件。

在众多的应用于计算机上的电路模拟 EDA 软件中,EWB 软件就像一个方便的实验室。相对其他 EDA 软件而言,它是一个只有几兆的小巧 EDA 软件,而且功能也较单一,似乎不太可能成为主流的 EDA 软件,只是用于进行模拟电路和数字电路的混合仿真。

但是,EWB 软件的仿真功能十分强大,近似 100% 地仿真出真实电路的结果,而且它就像在实验室桌面或工作现场那样提供了示波器、信号发生器、扫频仪、逻辑分析仪、数字信号发生器、逻辑转换器,万用表等广播电视设备设计、检测与维护必备的仪器、仪表工具。EWB 软件的器件库中包含了许多国内外大公司的晶体管元器件、集成电路和数字门电路芯片。器件库没有的元器件还可以由外部模块导入。

EWB 软件是众多电路仿真软件最易上手的。它的工作界面非常直观、原理图与各种工具都在同一个窗口内,即使是未使用过它的工程技术人员,稍加学习也可以熟练地应用该软件。EWB 软件可以使用户在许多电路设计、检测与维护中无须动用电烙铁就可以知道电路运行结果,而且若想更换元器件或改变元器件参数,只需单击鼠标即可。

电子工作平台的设计试验工作区好像一块"面包板",在上面可建立各种电路进行仿真实验。电子工作平台的器件库可为用户提供 300 多种常用模拟和数字器件,设计和试验时可任意调用。虚拟器件在仿真时可设定为理想模式和实体模式,有的虚拟器件还可直观显示,如发光二极管可以发出红、绿、蓝光,逻辑探头像逻辑笔那样,可直接显示电路节点的高、低电平,继电器和开关的触点可以分合动作,熔断器可以烧断,灯泡可以烧毁,蜂鸣器可以发出不同音调的声音,电位器的触点可以按比例移动改变阻值。电子工作平台的虚拟仪器库存放着数字电流表、数字电压表、数字万用表、双通道 1000MHz 数字存储示波器、999MHz 数字函数发生器、可直接显示电路频率响应的波特图仪、16 路数字信号逻辑分析仪、16 位数字信号发生器等,这些虚拟仪器随时可以拖放到工作区对电路进行测试,并直接显示有关数据或波形。电子工作平台还具有强大的分析功能,可进行直流工作点分析,暂态和稳态分析,高版本的 EWB 还可以进行傅里叶变换分析、噪声及失真度分析、零极点和蒙特卡罗等多项分析。

使用 EWB 对电路进行设计和实验仿真的基本步骤:①用虚拟器件在工作区建立电路;②选定元件的模式、参数值和标号;③连接信号源等虚拟仪器;④选择分析功能和参数;⑤激活电路进行仿真;⑥保存电路图和仿真结果。

1. EWB5.12 的安装和启动

EWB5.12 的安装文件是 EWB512.EXE。新建一个目录 EWB5.12 作为 EWB 的工作目录,将安装文件复制到工作目录,双击运行即可完成安装。安装成功后,可双击桌面图标运行 EWB(图 D-1)。

图 D-1　EWB 的图标

2. 认识 EWB 的界面

(1) EWB 的主窗口如图 D-2 所示。

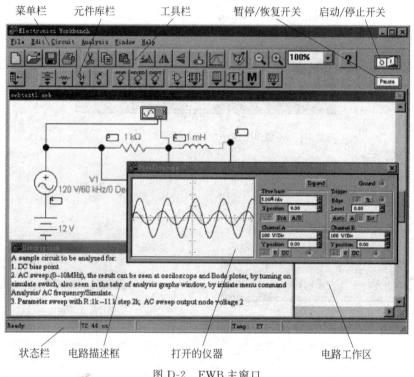

图 D-2　EWB 主窗口

(2) 元件库栏如图 D-3 所示。

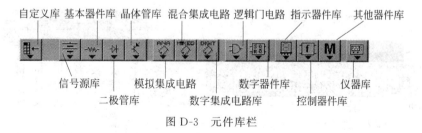

图 D-3　元件库栏

① 信号源库如图 D-4 所示。

② 基本器件库如图 D-5 所示。

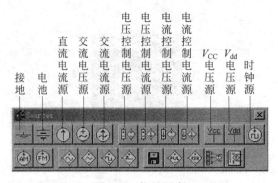

图 D-4　信号源库

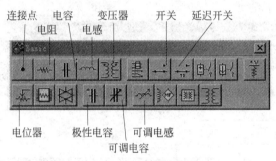

图 D-5　基本器件库

③ 二极管库如图 D-6 所示。

④ 模拟集成电路库如图 D-7 所示。

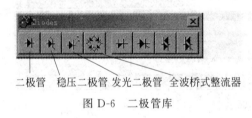

图 D-6　二极管库

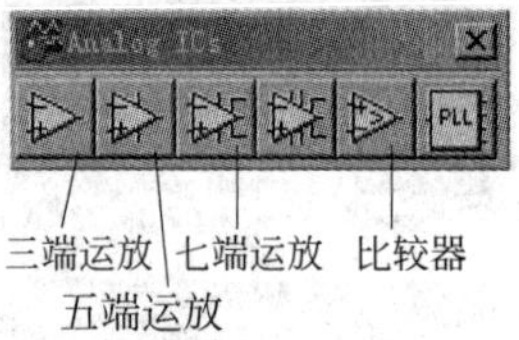

图 D-7　模拟集成电路库

⑤ 指示器件库如图 D-8 所示。

⑥ 仪器库如图 D-9 所示。

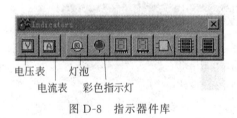

图 D-8　指示器件库

图 D-9　仪器库

3. 虚拟模拟电路实验演示

下面用 EWB 做一个简单的虚拟模拟电路实验。

1) 放置器件,并调整其位置和方向

启动 EWB,单击电源器件库按钮,打开电源器件库,将电池器件拖放到工作区,此时电池符号为红色,处于选中状态,可用鼠标拖动改变其位置,用旋转或翻转按钮使其旋转或翻转,单击工作区空白处可取消选择,单击元件符号可重新选定该元件,对选定的元件可进行剪切、复制、删除等操作。用同样方法在工作区中再放置接地端(电源器件)、小灯泡(指示器件)和万用表(虚拟仪器)各一个,如图 D-10 所示。

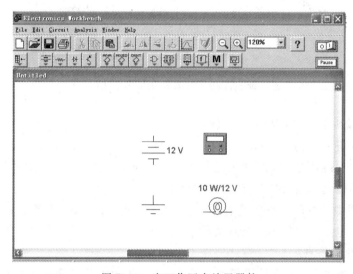

图 D-10　在工作区中放置器件

2) 设置器件属性

双击电池符号,会弹出"电池属性设置"对话框,如图 D-11 所示,将 Value(参数值)选项卡中 Voltage(电压)项的参数改为 10V,单击"确定"按钮,工作区中元件旁的标示随之改变,用同样方法将小灯泡设置为 1W/10V。通过器件属性设置对话框中的其他选项卡还可以改变器件的标签、显示模式,以及给器件设置故障等。

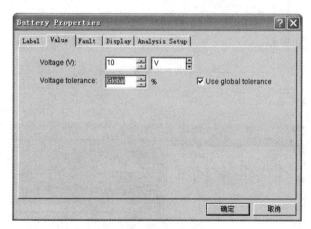

图 D-11　"电池属性设置"对话框

3) 连接电路

把鼠标指向一个器件的接线端,这时会出现一个小黑点,拖动鼠标(按住左键,移动鼠标),使光标指向另一器件的接线端,这时又出现一个黑点,放开鼠标键,这两个器件的接线端就连接起来了。照此将工作区中的器件连成如图 D-12 所示的电路。值得注意的是,这时如果为了排列电路而移动其中一个器件,接线是不断开的。要断开连接线,可用鼠标指向有关器件的连接点,这时出现一个小黑点,拖动鼠标,连线即脱离连接点。

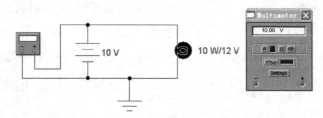

图 D-12   在工作区中连接电路

4) 观察实验现象,保存电路及仿真结果

双击万用表符号,会弹出万用表面板,见图 D-12。单击仿真开关,电路即被激活,开始仿真,可以看到小灯泡"亮"了,万用表显屏中也显示出了电压测量结果。改变小灯泡耐压值为 1W/9V,开始仿真,会看到灯泡的灯丝被烧断了。

单击工具栏中的"保存"按钮会弹出"保存文件"对话框,选择路径并输入文件名,单击"确定"按钮可将电路保存为 ∗.EWB 文件。

5) 示例电路的仿真

可以打开已有的 EWB 文件重新编辑或仿真,在 EWB 工作目录下的 CIRCUITS 子文件夹下就存放有系统自带的示例文件。单击工具栏中的"打开"按钮,在弹出的"打开文件"对话框中选择示例文件 555-1.EWB,打开进行仿真,555③脚的输出波形如图 D-13 中示波器所示。可以尝试改变元件参数或仪器设置,观察不同的效果。

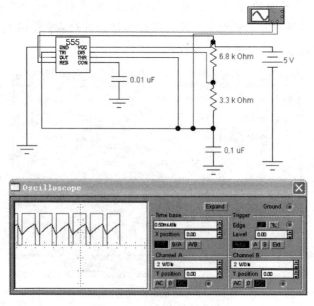

图 D-13   示例电路的仿真

4．EWB 上的虚拟器件

1）EWB 系统器件

EWB 上有 12 个系统预设的器件库，其中包括 146 种器件，每种器件又可被设置为不同的型号或被赋予不同的参数，若按型号划分，其数量不可胜数，因此，这里只把常用器件列出，以备参考，如图 D-14 所示。

图 D-14　EWB 上的虚拟器件

2）器件属性的设置

双击工作区中的器件，会弹出"器件属性设置"对话框。前面我们已经初步认识了"电池属性设置"对话框，其他器件的属性设置对话框与此相似，只不过个别项目会根据器件类别的不同而有所不同。下面再以三极管为例，看一下器件属性的设置。三极管的属性设置对话框共有 5 个选项卡，其中 Label 选项卡用来设置器件的显示标签和 ID 标号，Display 选项卡用来设置器件的显示项目，Analysis Setup 选项卡用来设置器件工作的环境温度。图 D-15所示的是 Models 选项卡，用于选择器件的型号，还可以新建器件，或对选定器件进行删除、复制、重命名和参数的编辑设定。

图 D-16 所示的是 Fault 选项卡，用于设置器件故障。不同的器件会有不同的故障类型，对于三极管，可以设置其任意两极为短路、开路或有一定的泄漏电阻，若选择 None，则为没有故障。

3）用户器件库的使用

可以把一些常用的器件或电路模块保存在用户器件库中供以后使用时调用，从而避免重复，提高效率。要把系统器件库中的器件添加到用户器件库，可以在该器件的图标上右击，选择右键菜单中的 Add to favorites 即可。而要把电路模块作为器件添加到用户器件库中，则要通过分支电路来实现。下面以一个 RC 串并联网络为例，说明用户器件库的建立和使用方法。首先建立如图 D-17(a)所示的电路，并选中 R1、C1、R2、C2 以及接点 B 和 C(方

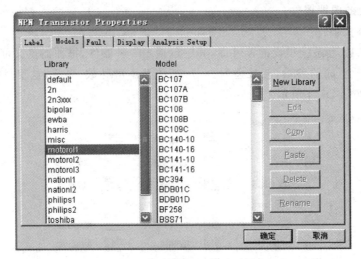

图 D-15　三极管属性设置对话框之一

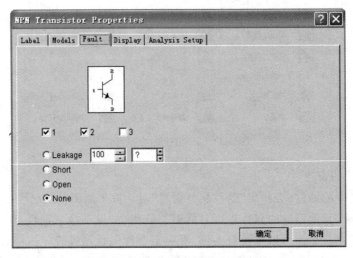

图 D-16　三极管属性设置对话框之二

法是按住 Shift 键的同时单击各个器件,或用鼠标拖出一个包含被选器件的矩形区域),然后单击工具栏中的创建分支电路按钮(Create Subcricuit),弹出创建分支电路对话框,如图 D-17(b),输入分支电路名称,单击 Move from Circuit 按钮(其他按钮的作用请自行学习操作),弹出如图 D-17(c)所示的分支电路窗口,此时该分支电路已添加到了用户器件库,可以像调用其他器件一样调用它。

值得注意的是,用户自定义器件是随着当前文件保存的,也就是说,在这个文件中定义的用户器件库只有在打开这个文件时有效,在其他文件中是找不到的,尽管如此,用户器件库的使用仍然给我们带来很大的方便。

5. EWB 上的虚拟仪器

虚拟仪器是一种具有虚拟面板的计算机仪器,主要由计算机和控制软件组成。操作人员通过图形用户界面用鼠标或键盘控制仪器运行,以完成对电路的电压、电流、电阻及波形

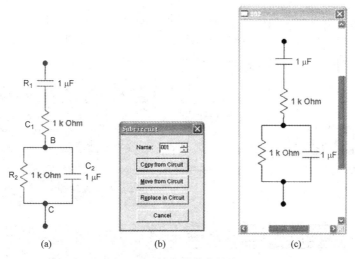

图 D-17　用户器件库的建立

等物理量的测量,用起来几乎和真的仪器一样。在 EWB 平台上,共有 7 种虚拟仪器,下面分别介绍。

1) 数字万用表(Multimeter)

数字万用表的虚拟面板如图 D-18 所示,这是一种 4 位数字万用表,面板上有一个数字显示窗口和 7 个按钮,分别为电流(A)、电压(V)、电阻(Ω)、电平(dB)、交流(～)、直流(－)和设置(Settings) 转换按钮,单击这些按钮便可进行相应的转换。用万用表可测量交/直流电压、电流、电阻和电路中两点间的分贝损失,并具有自动量程转换功能。利用设置按钮可调整电流表内阻、电压表内阻、欧姆表电流和电平表 0dB 标准电压。虚拟万用表的使用方法与真实的数字万用表基本相同,其各个量程的测量范围如下。

电流表(A)量程:$0.01\mu A\sim999kA$。

电压表(V)量程:$0.01\mu V\sim999kV$。

欧姆表(Ω)量程:$0.001\Omega\sim999M\Omega$。

交流频率范围:$0.001Hz\sim9999MHz$。

2) 信号发生器(Function Generator)

信号发生器是一种能提供正弦波、三角波和方波信号的电压源,它以方便而又不失真的方式向电路提供信号。信号发生器的电路符号和虚拟面板如图 D-19 所示。面板上可调整的参数有:频率(Frequency)、占空比(Duty cycle)、振幅(Amplitude)、DC 偏移(Offset)。

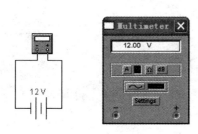

图 D-18　数字万用表的虚拟面板

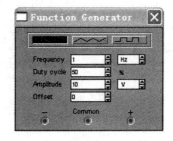

图 D-19　信号发生器的电路符号和虚拟面板

虚拟信号发生器有三个输出端:"一"为负波形端,Common 为公共(接地)端,"十"为正波形端。虚拟信号发生器的使用方法与实际的信号发生器基本相同。图 D-20 为虚拟信号发生器选择方波输出的接线及输出波形。

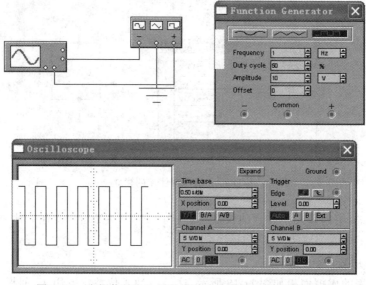

图 D-20　虚拟信号发生器选择方波输出的接线及输出波形

3)示波器(Oscilloscope)

示波器的电路符号和虚拟面板如图 D-21 所示,这是一种可用黑、红、绿、蓝、青、紫 6 种颜色显示波形的 1000MHz 双通道数字存储示波器。它工作起来像真的仪器一样,可用正边缘或负边缘进行内触发或外触发,时基可在秒至纳秒的范围内调整。为了提高测量精度,可卷动时间轴,用数显游标对电压进行精确测量。只要单击仿真电源开关,示波器便可马上显示波形,将探头移到新的测试点时可以不关电源。

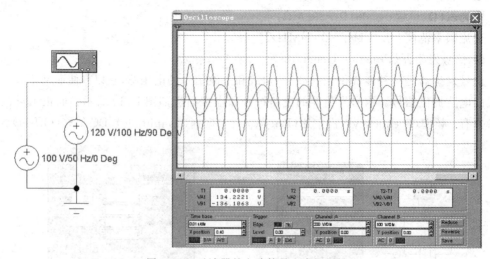

图 D-21　示波器的电路符号和虚拟面板

X轴可左右移动,Y轴可上下移动。当X轴为时间轴时,时基可在0.01ns/div~1s/div的范围调整。X轴还可以作为A通道或B通道来使用,例如,Y轴和X轴均输入正弦电压时,便可观察到李沙育图。A/B通道可分别设置,Y轴范围为0.01mV/div~5kV/div,还可选择AC或DC两种耦合方式。虚拟示波器不一定要接地,只要电路中有接地元件便可。单击示波器面板上的Expand按钮,可放大屏幕显示的波形,还可以将波形数据保存,用以在图表窗口中打开、显示或打印。要改变波形的显示颜色,可双击电路中示波器的连线,设置连线属性。

4）波特图仪（Bode Plotter）

波特图仪能显示电路的频率响应曲线,这对分析滤波器等电路是很有用的。可用波特图仪测量一个信号的电压增益（单位：dB）或相移（单位：度）。使用时,仪器面板上的输入端IN接频率源,输出端OUT接被测电路的输出端。波特图仪的用法可以参考示例文件VIDEO.EWB。

5）数字信号发生器（Word Generator）

数字信号发生器可将数字或二进制数字信号送入电路,用来驱动或测试电路。仪器面板的左边为数据存储区,每行可存储4位十六进制数,对应16个二进制数,激活仪器后,便可将每行数据依次送入电路。仪器发出信号时,可在底部的引脚上显示每一位二进制数。为了改变存储区的数字,可用以下三种方法之一。

（1）单击其中一个字的某位数码,直接输入十六进制数（注意一个十六进制数对应4位二进制数）。

（2）先选择需要修改的行,然后单击ASCII文本框,直接键入ASCII字符（注意一个字符的ASCII码对应8位二进制数）。

（3）选择需要修改的行,然后单击Binary文本框,直接修改每位二进制数。数字信号发生器的电路符号和虚拟面板如图D-22所示。

仪器面板上的其他项目如下。

Edit：编辑指针所在行号。

Current：当前行号。

Initial：起始行号。

Final：结束行号。

Cycle：循环输出由起始行号和结束行号确定的数据。

Burst：全部输出按钮,单击一次可依次输出由起始行号和结束行号确定的数据,完成后暂停。

Step：单步输出按钮,单击一次可依次输出一行数据。

Breakpoint：断点设置按钮,将当前行设为中断点,输出至该行时暂停。

Pattern：模板按钮,单击调出预设模式选项对话框,对话框中各选项含义如下。

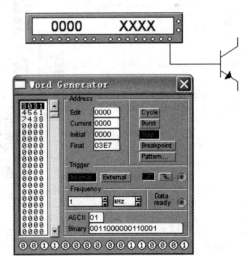

图D-22 数字信号发生器的电路符号和虚拟面板

Clear buffer：清零按钮，单击可清除数据存储区的全部数字。

Open：打开 ＊.DP 文件，将数据装入数据存储区。

Save：将数据区的数据以 ＊.DP 的数据文件形式存盘，以便调用。

Up counter：产生递增计数数据序列。

Down counter：产生递减计数数据序列。

Shift right：产生右移位数据序列。

Shift left：产生左移位数据序列。

Trigger：触发方式设置。

Frequency：时钟频率设置按钮，由数值升、数值降、单位升和单位降 4 个按钮组成，单击相应的按钮可将数字信号发生器的时钟频率设置为 1Hz～999MHz。

另外，数字信号发生器还有一个外触发信号输入端和一个同步时钟脉冲输出端，其中，同步时钟脉冲输出端 Data ready 可在输出数据的同时输出方波同步脉冲，这对研究数字信号的波形是很有用的。

6）逻辑分析仪（Logic Analyzer）

逻辑分析仪的电路符号和虚拟面板如图 D-23 所示，它能显示 16 路数字信号的逻辑电平，用于快速记录数字信号波形和对信号进行时间分析。仪器面板左侧的 8 个小圆圈可显示每行信号的 8 位二进制数，像示波器那样，我们可调整其时基和触发方式，也可用数显游标对波形进行精确测量。逻辑分析仪的面板上还有停止和复位按钮 Stop 和 Reset，时钟设置按钮和触发方式设置按钮。另外，改变 Clocks per division 栏中的数据可在 X 方向上放大或缩小波形。

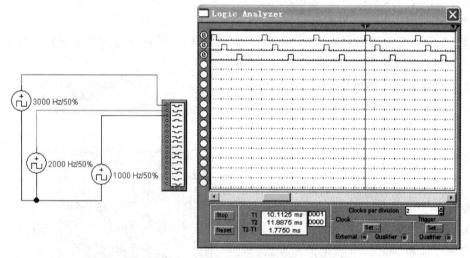

图 D-23　逻辑分析仪的电路符号和虚拟面板

7）逻辑转换器（Logic Converter）

逻辑转换器的虚拟面板如图 D-24 所示。目前世界上还没有与逻辑转换器类似的物理仪器。在电路中加上逻辑转换器可导出真值表或逻辑表达式；或者输入逻辑表达式，电子工作平台就会为你建立相应的逻辑电路。在仪器面板的上方，有 8 个输入端 A、B、C、D、E、F、G、H 和一个输出端 OUT，单击输入端可在下面的窗口中显示出各个输入信号的逻辑组合（1 或 0）。在面板的右侧排列着 6 个转换按钮（Conversions），分别是：从逻辑电路导出真值表、将真值表转换为逻辑表达式、化简逻辑表达式、从逻辑表达式导出逻辑电路和将逻辑电路转换为只用与非门的电路。使用时,将逻辑电路的输入端连接到逻辑转换器的输入端,输出端连接到输出端,只要符合转换条件,单击按钮即可完成相应的转换。

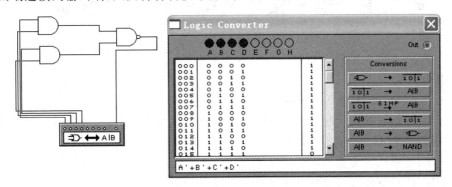

图 D-24　逻辑转换器的使用

另外,在电子工作平台的指示器件库中,还有虚拟电流表和电压表。虚拟电流表是一种自动转换量程、交/直流两用的三位数字表,测量范围为 $0.01\mu A \sim 999kA$,交流频率范围为 $0.001Hz \sim 9999MHz$。这种优越的性能,实际的电流表是无法相比的,更何况虚拟表的使用数量无限,想要多少都可以。虚拟电压表也是一种交/直流两用的三位数字表,测量范围为 $0.01\mu V \sim 999kV$,交流频率范围为 $0.001Hz \sim 9999MHz$,这种电压表在电子工作平台上的使用数量也不限。在电流表和电压表的图标中,带粗黑线的一端为负极。双击它的图标,会弹出其属性设置对话框,用来设置标签、改变内阻、切换直流(DC)与交流(AC)测量方式等。

6. EWB 的菜单和命令

EWB 有一套比较完整的菜单系统,几乎所有的操作都可通过执行相应的菜单命令来实现,但是,和大多数 Windows 程序一样,许多操作也可通过快捷工具按钮、右键菜单、快捷键等方式来实现,前面我们已经用过多次了。对于一般的使用者,没有必要记住全部的操作方式,因此,这里只讲述前面涉及较少而又较常用的 Circuit(电路)和 Analysis(分析)菜单中的部分项目,其他菜单命令请自行操作体会。

1) Circuit(电路)菜单

Rotate：旋转

Flip Horizontal：水平翻转

Flip Vertical：垂直翻转

Component Properties：部件属性

Create Subcircuit：创建分支电路

Schematic Options：演示选项

Restrictions：限制条件

2) Analysis(分析)菜单

Activate：激活电路,开始仿真

Analysis Options：分析选项

DC Operating Point：直流工作点分析

AC Frequency：交流频率分析

Transient：瞬态分析

附录 E 电子技术及电子产品发展简史

1. 电子技术

1785 年,库仑首先从实验室确定了电荷间的相互作用力。

1820 年,奥斯特在实验时发现了电流对磁针有力的作用,同年安培确定了通有电流的线圈的作用与磁铁相似。

1826 年,欧姆通过实验得出欧姆定律。

1831 年,法拉第发现电磁感应现象。

1833 年,楞次建立了确定感应电流方向的楞次定律。

1834 年,雅可比制造出世界上第一台电动机,从而证明了实际应用电能的可能性。

1864 年,麦克斯韦提出了电磁场理论,从理论上推测出电磁波的存在。

1888 年,赫兹通过实验获得电磁波,证实了麦克斯韦的推测。

1895 年,马可尼和波波夫彼此独立地进行无线电通信实验获得成功。

1883 年,爱迪生发现热电子效应。

1897 年,特斯拉在美国获得无线电技术专利。

1904 年,费莱明利用电子热效应制成了电子二极管,并首先用于无线电检波。

1906 年,弗雷斯特在费莱明的二极管中放进了第三个电极(栅极),而发明了电子三极管,同年,费森登首度发射出"声音",无线电广播就此开始。

1911 年,开始了使用电子技术的时代。

1948 年,美国贝尔实验室发明了半导体晶体管,也称为半导体器件或固体器件。

1951 年,有了晶体管商品(分立元件)。

1960 年,集成电路问世(1950 年提出集成电路的设想,10 年后有了产品)。

1966 年,制造出中规模集成电路(每个芯片上有 100~1000 个元器件)。

1969 年,制造出大规模集成电路(每个芯片上的元器件数量多达 10000 个以上)。

1980 年,制造出超大规模集成电路,进入"微电子时代"。

2. 电子产品

1) 收音机部分

1913 年,法国人吕西安、莱维利用超外差电路制作成收音机。

1924 年,电子管超外差收音机首次投入市场。

1954 年,世界上第一台晶体管收音机投入市场。

1958 年,我国第一部国产半导体收音机研制成功。

1982 年,世界上第一部集成电路收音机问世。

2006 年,含有数字处理技术(DSP)的收音机问世。

2) 电话机部分

1876 年,美国的贝尔发明第一部电话的雏形机(通过在磁铁上装有的振动膜片构成送话器和收话器)。

1878年,出现了碳晶送话器的磁石式电话机(靠自备电池供电,用手摇发电机发送呼叫信号)。

1891年,出现了旋转拨号盘式电话机(它可以发出直流拨号脉冲,控制自动交换机动作,选择被叫用户)。

1958年,出现了按键式全电子电话机(采用双音多频发号方式)。

1988年,出现了数字式单片集成电路电话机(具有留言、录音、回拨等功能)。

1983年,摩托罗拉"大哥大"商用系列手机问世。

1990年,无绳电话问世。

1991年,GSM数字移动电话问世。

1994年,IBM西蒙第一部智能手机问世。

2000年,夏普第一款照相手机问世。

2003年,第一部彩色屏幕黑莓手机问世;出现了掌上电脑和电话的组合。

2007年,第一部可以上网的苹果手机问世。

2008年,首款黑莓触屏手机问世。

3) 录音机部分

1877年,爱迪生发明"留声机"。

1888年,美国的史密斯发表了利用剩磁录音的论文。

1898年,丹麦的波尔森发明了钢丝录音机。

1907年,波尔森又发明了钢丝录音机的直流去磁法,使录音机进入实用阶段。

1930年,出现钢带录音机。

1935年,德国通用电气制成磁带录音机。

1951年,中国上海钟声电工社制成中国第一台钢丝录音机。

1953年,中国上海钟声电工社制成中国第一台磁带录音机。

1963年,荷兰飞利浦公司发明了盒式磁带,随后各种风格盒式磁带录音机进入市场。

参 考 文 献

[1] 王俊峰.电子产品开发设计与制作[M].北京：人民邮电出版社,2005.

[2] 王雅芳.电子产品工艺与装配技能实训[M].北京：机械工业出版社,2012.

[3] 王成安.电子产品工艺与实训[M].北京：机械工业出版社,2012.

[4] 王永红.电子产品安装与调试[M].北京：中国电力出版社,2012.

[5] 袁晓明.电子线路安装与工艺[M].北京：化学工业出版社,2009.